园艺专业职教师资培养资源开发项目

园艺专业教学法

苗卫东　主编

中国农业出版社
北　京

教育部、财政部职业院校教师素质提高计划——
园艺本科专业职教师资教师标准、培养方案、核心课程和
特色教材开发项目（VTNE055）成果

项目成果编写审定委员会

编 写 人 员

主　编　苗卫东

副主编　郑树景

参　编（按姓名笔画排序）

　　　　马　珂　刘振威　刘遵春　扈中林

《园艺专业教学法》是高等学校园艺专业师范类的一门专业核心课程。它是在学完教育学基本原理和主要专业课的基础上，运用教育学的基本原理传授专业知识的师范技能，是现代生物科学、园艺科学技术与教育科学相互交叉、相互渗透所形成的综合性和应用性的边缘学科。本课程目前还没有全国统一的教材。

我们根据目前教学需要并结合河南科技学院承担的"园艺专业职教师资本科培养标准、培养方案、核心课程和特色教材研发"（以下简称"培养包"项目）组织编写了本书，是在对行业、教师、学生现状进行广泛调研基础上完成的全国园艺专业本科师范类学生的课程教材。在编写过程中，根据现代社会及园艺行业对中职教师的要求，按照教育教学规律和要求，力求培养园艺专业本科师范类学生达到专业教师基本要求和掌握一定课堂教学技能。

全书分为七章，主要内容包括：绪论、中职园艺专业培养方案和课程体系、中职园艺专业教学工作计划的制定、课堂教学组织、中职园艺专业课堂教学的基本技能、中职园艺专业学习成绩的考核、中职园艺专业教学法的应用、信息技术教育教学新模式。

本书主编苗卫东；副主编郑树景。苗卫东编写绪论、第四章、第五章；郑树景编写第一章；刘遵春编写第三章；刘振威编写第二章；扈中林编写第六章；马珂编写第七章。在编写过程中，得到有关单位和个人的大力支持和帮助，参考了很多同志的教材、著作和科技资料，引用了部分图表，在此一并致谢。

由于时间仓促，水平有限，不当之处在所难免，敬请广大读者批评指正。

编　者

2019 年 1 月

目录

前言

绪论 ……………………………………………………………………… 1

一、中职园艺专业技术教育的意义和特点 ……………………… 1

二、园艺专业教学法研究的主要内容和任务 …………………… 3

三、学习园艺专业教学法的意义和方法 ………………………… 5

第一章　中职园艺专业培养方案和课程体系 …………………… 7

第一节　培养方案 ………………………………………………… 7

一、专业培养目标及规格 ………………………………………… 7

二、农科类专业的课程结构 ……………………………………… 8

第二节　中职园艺专业课程结构 ………………………………… 11

一、教学活动与时间安排 ………………………………………… 11

二、课程设置与教学时间安排 …………………………………… 11

第二章　中职园艺专业教学工作计划的制定 …………………… 13

第一节　教学工作计划的含义及其重要性 ……………………… 13

一、教学工作计划的含义 ………………………………………… 13

二、教学工作计划的重要性 ……………………………………… 13

第二节　学期或学年教学工作计划（课程） …………………… 14

一、制定的依据（准备阶段） …………………………………… 14

二、学期或学年教学计划的编制 ………………………………… 15

第三节　单元教学工作计划的编制 ……………………………… 16

第四节　课时工作教学计划的编制（教案） …………………… 16

　　一、编制教案前的准备工作 ………………………………… 17

　　二、教案的编制 ………………………………………………… 20

　　附　文字式详案 ……………………………………………… 23

第五节　课件的制作 ……………………………………………… 27

　　一、课件的教学功能 …………………………………………… 27

　　二、课件的类型 ………………………………………………… 27

　　三、常用的课件制作工具 ……………………………………… 29

　　四、课件的制作 ………………………………………………… 31

第三章　课堂教学组织 …………………………………………… 38

第一节　课堂教学组织的目的 …………………………………… 38

　　一、组织和维持学生的有意注意 ……………………………… 38

　　二、引起学习兴趣和激发学习动机 …………………………… 38

　　三、增强学生的自信心和进取心 ……………………………… 39

　　四、帮助学生建立良好的行为标准 …………………………… 39

　　五、创造良好的课堂气氛 ……………………………………… 39

第二节　课堂教学组织的类型 …………………………………… 40

　　一、管理性组织 ………………………………………………… 40

　　二、指导性组织 ………………………………………………… 41

　　三、诱导性组织 ………………………………………………… 43

第三节　课堂教学组织的原则 …………………………………… 44

　　一、明确目的，教书育人 ……………………………………… 44

　　二、了解学生，尊重学生 ……………………………………… 44

　　三、重视集体，形成风气 ……………………………………… 44

　　四、灵活应变，因势利导 ……………………………………… 45

　　五、不焦不躁，沉着冷静 ……………………………………… 45

第四章　中职园艺专业课堂教学的基本技能 ………………… 46

第一节　导入技能 ………………………………………………… 46

　　一、导入的作用及意义 ………………………………………… 47

　　二、导入应注意的问题 ………………………………………… 47

　　三、导入的方法 ………………………………………………… 48

　　附　导入技能的评价标准 ……………………………………… 50

　　第二节　板书技能 ……………………………………………… 51

　　　一、板书的作用（重要性）……………………………………… 51

　　　二、板书的类型（方式）………………………………………… 52

　　　三、技能与要求 ………………………………………………… 54

　　　附　板书技能的评价标准 ……………………………………… 55

　　第三节　提问技能 ……………………………………………… 55

　　　一、提问的概念及重要性 ……………………………………… 56

　　　二、提问的原则 ………………………………………………… 56

　　　三、提问的类型 ………………………………………………… 57

　　　四、提问过程的构成 …………………………………………… 60

　　　五、应注意的问题 ……………………………………………… 60

　　　附　提问技能的评价标准 ……………………………………… 62

　　第四节　课堂教学语言技能 …………………………………… 62

　　　附　课堂教学语言评价内容及标准 …………………………… 65

　　第五节　教态变化的技能 ……………………………………… 65

　　　一、教态变化的概念及重要性 ………………………………… 65

　　　二、体态变化的类型 …………………………………………… 66

　　　三、运用非语言行为的原则 …………………………………… 67

　　　四、肢体语言技巧 ……………………………………………… 68

　　　附　教态变化技能评价标准 …………………………………… 71

　　第六节　结课技能 ……………………………………………… 71

　　　一、概念及其重要性 …………………………………………… 71

　　　二、结课的类型 ………………………………………………… 72

　　　三、结课的过程 ………………………………………………… 72

　　　四、结课的要求（注意事项）………………………………… 73

　　　附　结课技能评价内容及标准 ………………………………… 73

第五章　中职园艺专业学习成绩的考核 ……………………… 74

　第一节　成绩考核的基本要求 ………………………………… 74

　　一、明确考核目标 ……………………………………………… 75

　　二、内容客观适中，形式灵活多样 …………………………… 75

　　三、联系的观点 ………………………………………………… 75

　　四、严明考核纪律，认真分析成绩，做好总结和反馈 ……… 75

第二节　考核的各类及方法 …………………………………… 76

一、考查 …………………………………………………………… 76

二、考试 …………………………………………………………… 76

第三节　命题的原则 ……………………………………………… 77

第四节　试卷编制的程序 ………………………………………… 78

附　试卷的基本格式 …………………………………………… 79

第五节　试卷评定与成绩分析 …………………………………… 80

一、试卷评定 ……………………………………………………… 80

二、成绩分析 ……………………………………………………… 80

第六章　中职园艺专业教学法的应用 ………………………… 82

第一节　案例教学法 ……………………………………………… 82

一、案例教学法介绍 ……………………………………………… 82

二、案例教学具备的特点 ………………………………………… 83

三、案例教学的应用 ……………………………………………… 84

第二节　实验教学法 ……………………………………………… 85

一、实验教学法概念及特点 ……………………………………… 85

二、实验教学法案例一：月季硬枝扦插育苗 …………………… 85

三、实验教学法案例二：草花播种育苗 ………………………… 93

第三节　项目教学法 ……………………………………………… 100

一、项目教学法的概念 …………………………………………… 100

二、项目教学法的基本特征 ……………………………………… 101

三、工作过程 ……………………………………………………… 101

四、项目教学法的目标 …………………………………………… 104

五、优点和缺点 …………………………………………………… 104

第四节　现场教学法 ……………………………………………… 105

一、现场教学法的概念和起源 …………………………………… 105

二、现场教学的要素、特征和功能 ……………………………… 105

三、现场教学的理论依据与基本思路 …………………………… 106

四、现场教学的类型 ……………………………………………… 107

五、现场教学法与相关教学法的区别 …………………………… 108

第五节　迁移教学法 ……………………………………………… 108

一、迁移教学法的概念 …………………………………………… 108

二、迁移教学法的内涵 ……………………………………………… 109

三、迁移教学法案例一：花卉育苗技术概述 …………………………… 115

四、迁移教学法案例二：果树嫁接繁殖技术 …………………………… 117

第七章　信息技术教育教学新模式 ………………………………………… 120

第一节　微课、幕课、翻转课堂的概念 ……………………………… 120

一、微课 ……………………………………………………………… 120

二、幕课 ……………………………………………………………… 122

二、翻转课堂 ………………………………………………………… 125

第二节　微课、幕课、翻转课堂的教学特点 ………………………… 126

一、微课的特点 ……………………………………………………… 126

二、幕课的特点 ……………………………………………………… 128

三、翻转课堂的特点 ………………………………………………… 130

第三节　微课、幕课、翻转课堂的设计与应用 ……………………… 132

一、微课课程设计与制作步骤 ……………………………………… 132

二、幕课设计制作案例 ……………………………………………… 132

三、翻转课堂设计方法 ……………………………………………… 134

参考文献 ……………………………………………………………………… 137

绪　　论

一、中职园艺专业技术教育的意义和特点

（一）中职园艺专业技术教育的意义

园艺专业技术教育在发展农业经济、实现社会主义农业现代化建设中具有重要的地位和作用。随着农业的快速发展，对农业技术和农业管理等方面的人才也提出了更高的要求。要求具有较强的农业作物生产理论和管理实践，需要德才兼备的生产营销型人才、农业管理人才和技术人员。开展园艺专业职业技术教育，将使我国园艺人才的培养多元化，使许多喜欢园艺、有志园艺建设事业的职业中学学生及高中毕业生，有机会系统学习园艺方面的理论和技术。

园艺技术专业学生主要学习生物学和园艺学的基本理论和基本知识，受到园艺植物科研、生产、管理方面的基本训练，具有园艺植物生产、技术开发和推广及园艺企业经营管理方面的基本能力。园艺技术专业培养具备园艺科学的基本知识与技能，从事果树（蔬菜、花卉、食用菌等）栽培、育（制）种、良种繁育、商品化生产、病虫害防治、产品贮藏加工及应用性科技试验、农业技术开发与推广等工作，并具有一定生产管理和经营能力的高级技术应用型专门人才。

（二）中职园艺专业技术教育的特点

园艺专业技术教育有明显的特点，它既不同于普通中学的基础文化教育，又不同于农民文化教育，它是开发智力和从事园艺生产技术能力的教育，是直接为园艺生产培养技术人才的教育。具体地说，有以下几个方面的特点：

1. 专业性　园艺专业技术教育是一种专业性的职业技术教育，也就是一种园艺生产从业的岗前教育。主要目的是使受教育者掌握一定的园艺专业技术知识和技能，成为具有园艺专业专长的农业技术人才。现代园艺生产需要有现代园艺生产观念和技术，更需要掌握现代园艺技术的新型劳动者、技术人才。没有经过专门培训的人，就难以适应现代园艺的要求。因此，园艺专业技术教育必须有正确的职业性，要有敬业精神、熟练职业技术。

2. 地域性　农业生产具有较明显的地域性，在园艺生产发展上，要因地制宜。因此，园艺技术教育也应面向地主，结合当地的地理位置、自然条件，发挥地区优势，因地制宜地设置课程，选择教学的内容，能更好地有针对性地为当地园艺生产培养适用型人才，使培养的学生学以致用，为地方经济建设服务。

3. 技能型、应用型 职业教育不同于普通教育，职业教育与学术教育任务不同。职业教育是面向生产企业的，必须适应生产发展的需要，重于实践和应用。在教学内容和教学方法上都必须遵循职业教育规律，强化实践教学体系，建立实践教学基地，强化教师技能训练，保证实践教学的时间。例如，德国、瑞典、英国的职业学校，学生的实践放到实验室或工厂进行，每周实习时间 3～4 天，结合生产强化学生的动手能力，使学生掌握一至多门的专业技术。

4. 适用性 就是使职业技术教育与社会主义市场经济相结合，这是职业技术教育与普通教育显著区别的特点之一。如果普通教育旨在提高文化知识、培养深造和劳动后备军的话，那么职业技术教育则是岗前的定向教育或职前培训。因此，农业职业技术教育必须了解当地的经济是如何发展的，当地需要什么样的人才，怎样适应经济发展的需要培养人才。这就构成了教育与经济、科技结合的"人才中心"模式，也是解决"服务""依靠"两个关系的结合点。

职业中学培养的学生直接从事园艺生产，一定的文化知识和园艺专业基础理论知识对理解和掌握园艺生产技术是必要的，但园艺专业技术教育必须适应园艺生产结构的变化和园艺生产的需要，贯彻理论联系实际的原则，达到学以致用，使学生掌握实用技术，解决园艺生产中的实际问题，提高经济效益。因此，要切实注意教学、生产和科研相结合，以提高园艺职业技术的社会效益。

5. 普及性 中等职业教育是直接为生产一线培养技术人才，是传播技术的教育，是为了提高劳动者的素质，培养一代新的劳动者的教育，带有一定的普及性。因此，不能片面地强求理论水平，培养尖子生，而应重视技术的普及和全面掌握。值得注意的是，职业高中应兼顾文化知识教育，以适应未来发展的需要。这里要防止两种偏向，一是避免职业教育从实用主义出发，单纯传授实用技术，搞工匠式教学方式，应保证学生具有一定的文化理论知识，有利于将来的继续提高。从整个职业技术教育的要求来说，还有提高全民文化素养、培养人生世界观、职业道德素质，以及培养人的创造思维的任务，这些都有赖于在一定的文化基础上进行。现阶段许多国家的职业技术教育都改变了过去学徒制培训方式，提出了职业技术教育的基础化和综合化，其目的就在于培养具有创造力、有开拓思维和对技术改革应变能力强的人才。二是避免重复普通教育模式，使文化课过多而挤占职业技术教学。提出"兼顾"文化知识教育。这表明职业技术教育应以专业技术课程和实践教学为主，兼学一些与专业有关的主要理论课。

总之，了解园艺专业技术教育的意义和特点，关键在于树立正确的思想认识，认识到园艺专业技术教育的重要性和作用，奠定从事园艺专业技术教育的思想基础，有一种时代责任感，能够根据园艺专业技术教育的特点，把握好办学的方向，明确教学的主要任务。

二、园艺专业教学法研究的主要内容和任务

《园艺专业教学法》是应用教育学的基础，传授园艺专业知识，即研究如何把教育学原理与传授园艺专业知识结合起来的一门学问，是园艺专业师范教育的一门必修课。

作为高等学校园艺专业师范类的学生，掌握园艺专业知识固然重要，但根据培养目标，掌握传授知识的方法更为重要。因为，我们是园艺技术的传播者。虽然我们学习过教育理论，学习了很多的教学方法，又学习了主要专业课。但对专业技术教育理论来说，有各自的特点。教学有法，但无定法。这就要求我们根据园艺专业技术教育的特点而灵活地选择和运用教学方法。要用什么样的教学方法不仅根据培养的要求，而且要根据内容而定，这门课就是根据园艺专业技术教育的特点，研究如何灵活地运用教学方法及技巧传授专业知识。只有掌握了园艺专业教学法，才能尽快适应教学工作，胜任专业教学工作，使学生在以后的工作中得到更好地发展。

《园艺专业教学法》课程是研究园艺专业技术教育的基本规律和特点，是涉及教学的两个方面，即"教什么""为什么教""为什么学""怎么教""学什么""怎样学"，其中重点研究教学技能的灵活运用，即课堂教学的技巧。具体研究内容有以下几个方面：

（一）研究职业中学农业科学专业的教学目的和任务

了解教学目的和任务，是教师根据教学方向，保证教学质量的重要条件。我国中等职业技术教育的具体任务是为现代化建设培养有社会主义觉悟，有相当文化基础和专业知识技能的应用型专业人才和城乡劳动者。职业中学园艺专业的教学目的和任务必须服从这一基本要求。对学生进行文化、园艺专业理论和技术的教育，以培养新型农民。职业中等园艺专业教学特点是：①较强的实践性，注意专业知识和技能的培养。②明显的地域性，根据当地自然条件和社会经济条件及园艺生产的特点，培养本地园艺发展需要的人才。③广泛的适应性，学生专业面不宜过窄，教学内容不宜过专，使学生适应果、菜、花、茶等

多方面发展的需要，使自己的教学工作立于不败之地。

(二) 研究职业中学园艺专业教材

教材是课堂教学过程中的三大要素（教师、学生、教材）之一，是顺利完成教学任务的基本条件。职业高中园艺专业教材为教师备课、上课、布置作业，对学生进行园艺专业基本知识的技能教育，开发学生智力和培养学生能力提供基本教材，也为学生预习、复习、完成作业和获取园艺知识和技能提供主要材料；同时还对学生进行思想政治教育。因此，必须注意教材的选编。对教材的研究，主要是依据培养目标、课程体系及教学大纲的要求，另外还应结合实际及教学的对象，联系园艺生产的新成就，在充分发挥教材作用的基础上，合理地组织教材，适当补充必要的新材料和乡土教材，以提高教学效果。总之，要求精通教材、吃透教材，研究教材内容的重点及难点。这是搞好教学的重要依据。

(三) 研究职业中学园艺专业的教学方法

教学方法是完成教学任务的载体，与教学效果有密切的联系。教学方法有很多，具体确定要应有一定的依据。主要依据教学目的要求、课程的性质特点、教学内容、教学对象等。要求方法易掌握，关键是如何灵活恰当的利用。例如，不同课程选择方法不同，同一课程不同内容（章节）方法也不同，不同对象要用的方法也应灵活运用。根据农业科学专业知识的特点和培养目标，注重用规范性教学方法，加强实践性教学，以增强学生的感性认识，培养学生的实际动手能力，并通过实践巩固理论知识。

(四) 研究教学过程各环节的教学技能

教学过程中有 3 个主要环节，一是准备过程，二是实施过程，三是总结（学习成绩考核）过程。每个环节有不同的教学技能，例如，备课过程中的编写教案技能；讲课过程中的导入、教学语言、板书、提问、动态变化及结课技能等；总结过程中的出题、组卷、改卷、试卷分析技能等。每个技能都有相应的要求和技巧，掌握这些技能是作为教师的基本要求。

(五) 研究农业科学专业的教学研究方法

作为教师要不断提高教学水平、提高教学效果、较好地完成教学任务、达到预期的教学目的。在教学实践中，不但要继续深入学习专业知识，提高专业水平，还要掌握教学研究的方法，不断地研究和探索园艺专业教学的规律和方法，研究出现的新问题，改善教学方法，提高自身的教学能力，适应发展变化的需要。

(六) 研究职业高中园艺专业实践教学

实践教学通常是指有计划地组织学生直接从事实际操作的一种教学活动。

包括实验、实习、专业实践课、社会实践活动等，是培养学生实际操作技能的重要教学环节。本书将重点研究农业科学类园艺专业的实践操作技能及其培养途径和实践教学基地的建设。

总之，本门课程主要研究专业课教学过程中各环节的教学特点和规律，掌握各环节的教学技能。为了更好地学习理论课程，奠定基础。

三、学习园艺专业教学法的意义和方法

（一）学习园艺专业教学法的意义

教育是立国之本，"科教兴国"是我国的基本国策之一。社会主义经济建设和发展需要大量的各行各业的专业人才，需要数以万计的高层次人才，更需要数以千万计直接从事技术的初中等技术人才。我国的园艺生产在过去的30多年有很大的发展，但是我国园艺生产还不发达，与国外发达国家相比有了很大的差距，特别是在园艺产品的出口率、品质优良化、市场成熟度、园艺生产技术水平和管理水平及劳动者素质等方面。我国加入世界贸易组织后，农业面临着很大冲击，但是给园艺生产带来了很大的商机，我们也具备优势潜力，为更好地发挥我们的优势，需要大量掌握园艺生产技术的人才直接从事园艺生产，这样才会对社会有所贡献，而从事园艺专业技术教育，通过自身去培养更多园艺专业技术人才，将会有更大的作为。

作为园艺专业技术教育的教师，有丰富的知识、满腹的经论，并不一定就能成为一位好的教师。没有或不讲究教学法的修养，往往会得不到理想的教学效果。教学法既要讲究科学，又要讲究艺术。教学艺术水平的高低，是教师全部修养的综合体现。既然是一位教师，就必须有教学法的修养，就要学会怎样组织教材，讲授教材，怎样进行思想政治教育，把教书育人融会贯通于全部教学过程中，这就要求教师具有较高的教学理论和教学技能。

作为园艺专业技术教育的教师，还要学习《园艺专业教学法》，这是因为教育学中的教学法是从所有学科教学出发，研究的是一般的教学基本理论和方法，它是《园艺专业教学法》的理论基础。《园艺专业教学法》不是单纯重复教学法中的一部分内容，而是在教学法的基础上进一步深入细致地研究园艺专业教学的特殊规律的。它是一门应用科学，是直接指导园艺专业教学实践的。它的重点是对园艺专业教材进行分析，对课程教学内容、教学方法提出指导性意见。园艺专业师范类学生要成为合格的职业中学教师，在学好专业理论知识和教育学、心理学的基础上，要专门学习教学法，这样才能深刻领会职业中学园艺专业的教学任务和内容、原则与方法，才能在毕业之后较快掌握园艺专业的教学规律，迅速提高教学质量，顺利上岗完成教学任务。

（二）学习园艺专业教学法的方法

要学好这门课程，达到了解园艺专业教学特点，熟悉园艺专业教学过程，掌握园艺专业技能的目的要从以下几个方面努力。

1. 要树立，并立志从事园艺专业技术教育的思想，有一种时代责任感，这样才能提高认识，增强兴趣，积极主动自觉地去学习。

2. 在学习过程中，还增强教师意识，转变角色，从教师的角度来说，认识到这是工作的需要。

3. 在学习过程中，要坚持理论联系实际，有意识、有目的、有计划地利用各种场合和机会进行师范技能的锻炼，深入教学一线进行调查研究。在专业课学习中，一方面要学习基本知识；另一方面要注意教师的教法（教学组织安排），对涉及教学环节的方法、技巧要点深入领悟。

4. 要充分利用各种教育实习、锻炼的机会、进行师范技能的培养。

5. 注重研究教育的规律，提高自身的教学水平，全面提高自己的教学能力。要针对弱项，加强锻炼。

6. 作为教师的个人教学任务，必须服从于整体。所谓的整体，就是按专业培养目标的要求，服从于整体培养计划，对所承担的课程应准确定位。

1

第一章 中职园艺专业培养方案和课程体系

所谓培养方案，实际上就是人才的培养目标和培养规格以及实现这些培养目标的方法或手段。课程体系是指同一专业不同课程门类按照门类顺序排列，是教学内容和进程的总和，课程门类排列顺序决定了学生通过学习将获得怎样的知识结构。课程体系是育人活动的指导思想，是培养目标的具体化和依托，它规定了培养目标实施的规划方案。课程体系主要由特定的课程观、课程目标、课程内容、课程结构和课程活动方式所组成，其中课程观起着主宰作用。

课程是指学校学生所应学习的学科总和及其进程与安排。课程结构是指在专业培养计划中，课程门类、数量，各科课程的地位、作用，学时比例及相互联系的有序、合理地组合。简言之，开设课程中各课程之间的比例关系及合理组合。课程结构是完成教学任务，实现教育培养目标的基本保证，是组织教学、搞好教学的基本依据，是教学计划的重要组成部分（核心），是实施课堂教学的纲要和法规，所以学习课程结构是很重要的。

第一节 培养方案

培养目标是教学计划的重要内容，与课程结构有密切的关系，培养目标是课程结构确定的主要依据，课程结构是依据培养目标而制定的，是实现培养目标的重要保证。

一、专业培养目标及规格

（一）培养目标

培养目标是指教育目的在各级各类学校教育机构的具体化。它是由特定社会领域和特定社会层次的需要所决定的，也随着受教育对象所处的学校类型、级别而变化。为了满足各行各业、各个社会层次的人才需求和不同年龄层次受教育者的学习需求，才有了各级各类学校的建立。

例如，中等农业技术教育的培养目标是"培养德、智、体全面发展，具有一定农业技术发展的，初中及应用技术人才。"强调目标的重要性。目标指明了方向，体现了培养人才的总体要求，是衡量人才培养的尺度。在教学过程中，要始终坚持目标，按目标培养，把培养目标落在实处。但是确定目标必须慎重，要依据教学法规确定学校的性质、办学层次，体现学科专业特点，满足社会对人才的需求。

（二）培养规格

培养规格是学校对所培养出来的人才标准的规定，指受教育者应达到的综合素质，是培养目标的具体细化，分为两个方面，即基本规格和业务规格。职业高中农科类专业的培养规格是：

1. 基本规格 包括三个方面：

（1）政治思想素质 热爱社会主义祖国，具有良好的职业道德。

（2）专业素质 具有一定的专业理论知识，具备熟练的专业操作技能，能运用专业理论指导实践，独立进行各项操作。

（3）身体素质 具有健康的体魄，良好的身心素质。

2. 业务规格 具体包括以下几个方面：

（1）文化课要求 具有一定的文化基础知识。要求目的有两个方面，一是提高素质需要，二是学习专业的需要 是培养适用性、创新人才的需要。

（2）具备初中等的计算机应用能力，是农业生产现代化的需要。

（3）具备一定的农业经营知识，了解、懂得农业的基本经济运行规律。

（4）具备一定的专业理论知识，具备过硬的实践动手能力。

（5）具备一定的产业开发、推广技术的能力。

（6）具备一定的获取知识和创新能力。

二、农科类专业的课程结构

课程结构是所有开设课程相互联系，并有序排列的有机整体。相互之间有密切的联系，还需要考虑合理组合，即优化课程结构——就是运用系统的观点，根据培养目标和规格的要求，合理确定开设课程的门类、学时分配及顺序等相互间的关系，并列成一定的组织序列，达到整体合理。为此，应注意掌握以下原则：

（一）课程优化的原则

1. 正确处理好政治与义务的关系 要"以人为本，德育优先"为根本任务，并落实在各项工作中去，要培养学生良好的身心素质，良好的职业道德。在教学工作中，要学会专业课教学。

2. 正确处理文化课与专业课的关系 园艺专业技术教育是培养掌握应用

技术人才的教育，故应以园艺专业教育为主，但也应安排好必要的文化课，政治课和文化课、专业课、实习的课时比例一般为 3∶3∶4 为宜。

3. 贯彻理论与实践相结合的原则　也就是要正确处理好专业理论与专业实践教学的关系。专业理论是为指导实践服务的，是培养创新发展型人才的需要。所以职业高中园艺专业既要重视园艺专业理论的教学，又要重视实习，包括实验、实习、生产劳动等实践环节的教学，把教学、生产和科学技术的应用、推广或社会服务紧密结合起来，提高学生分析问题和解决问题的能力。理论课与实践课的学时比例应为 1∶3。

4. 正确处理好专业面宽与窄的关系　为了使我们的学生能适应发展的需要，应适当拓宽专业知识面，可以利用机动课时，在公选课、选修课，增加学生的知识面，使学生一专多能。拓宽应根据地方社会生产发展情况和本校实际，如园艺专业选农作物栽培，学会沼气的应用，注重农村综合使用技术的教育。

5. 贯彻统一性与灵活性相结合的原则　为确保人才培养质量，根据职业教育的特殊性（为社会培养）和实用（总需）性的应用型人才，同一专业的课程设置、课程安排等应基本保持一致、相对统一和稳定，不应差异过大，特别是文化基础课。但是，也允许学校根据地方实际、社会、市场及生产发展变化的要求对课程及课堂教学内容进行调整，以更好地为地方服务。

6. 切实加强实践性教学　职业中学以培养学生实践操作技能为主，组织好多种多样的实践课活动，如实习、实验、专业实践、社会实践等。

（二）职业中学农科类专业的课程体系

1. 构成类别　根据培养德智体全面发展的应用型人才的需要，课程体系包括政治课、文化课、专业课、实践课四大类。

（1）**政治课**　主要有：①政治理论，包括马列主义原理、毛泽东思想、邓小平理论、时事政治等课程，是学生的必修课，是学校思想政治教育的中心环节，要坚持有马列主义、毛泽东思想及邓小平理论武装学生，帮助他们树立正确的政治方向，帮助学生正确分析和认识中国革命和社会主义建设中的一些基本问题，要坚持四项基本原则、坚持改革开放的教育，要进行共产主义远大理想、世界观和人生观教育。②法律，学习我国的基本法，让学生知法、懂法，遵纪守法，不做危害国家人民的违法活动。③职业道德，进行道德品质、职业道德、热爱劳动和劳动人民的教育。

（2）**文化课**　是学生必须学习的主要基础课程，是学习专业课和提高文化素质的基础。主要包括语文、数学、化学、物理、计算机应用基础、实用英语、体育等课程。

（3）**专业课** 是为学生掌握必要的专业技术知识和技能的主要课程，课程内容紧密结合专业培养目标。为适应就业和进行技术革新的需要，专业知识面可适当拓宽。专业课包括：①专业基础课：为专业课服务的先修课程，园艺专业的专业基础课有植物学、遗传与良种繁育、土壤肥料学、农业气象、植物保护概论。②专业课：主要有园艺栽培概论、园艺栽培技术、园艺产品贮藏加工、园艺产品营销等。

（4）**实践课** 是培养学生职业技能的基本环节，也是对学生进行思想教育、劳动教育和培养职业意识、养成良好习惯的重要措施。要安排好足够的时间，从严训练，认真考核，以保证达到技术、管理人员需要掌握的基础训练要求和岗位规范要求。包括：①课堂实验；②教学实习；③生产实习；④毕业实习；⑤专业技能；⑥社会实践；⑦课外科研活动等。其中教学实习是为解决专业理论课理论联系实际的需要和进行各项基本操作技能的训练而安排的。通过教学实习使学生加深对课程知识的理解，培养学生的实际操作能力。教学实习内容可根据所开设的课程进度及生产实际灵活安排。如园艺专业可安排园艺作物病虫害识别、果树修剪、园艺植物育苗等。生产实习主要是指季节性、生产关键时期或毕业前的综合性专业实习。它可使学生系统地掌握生产流程，培养从业能力的重要教学手段。如园艺专业着重培养的果树生产技术。蔬菜高产、优质、高效的实用新技术。生产实习要在教师指导下集中或分散在校内或校外实习基地、农业企业、专业合作社等处完成。

2. 构成的形式 一般可分三类：

（1）**必修课** 是某一专业，每一个学生都必须学习的课程。如政治课、文化课、专业课和实践课。

（2）**选择必修课** 根据专业需要选开的课程，也可成为专业方向课。可选农作物、经济作物（果树、蔬菜、花卉、中药材等），根据学生的个人需要选择，一旦开设，学生必修。

（3）**选修课** 主要有扩大学生知识面的课程或相近学科的课程，如种植专业可选养殖专业的课程。如经济动物生产、淡水养殖等。其次就是素质教育的课程，如礼仪教育、人文社会科学知识。第三是有关学生能力培养的课程，如产品经销、加工、公共关系等。

第二节 中职园艺专业课程结构

一、教学活动与时间安排

表 1-1 教学活动与时间安排

学年＼内容周数	理论教学	实习		入学毕业教育	复习考试	机动	假期	全年周数
		教学实习	生产实习					
一	30	3	3	1	4	1	10	52
二	27	4	6		4	1	10	52
三	16	5	16	1	4		4	46
合计	73	12		2	12	2	24	150

二、课程设置与教学时间安排

表 1-2 课程设置与教学时间安排表

课程类别	序号	课程名称	占总课时百分比％	各学期课程安排					
				一学期 15 周	二学期 15 周	三学期 14 周	四学期 13 周	五学期 10 周	六学期 6 周
				周学时	周学时	周学时	周学时	周学时	周学时
政治课与文化课	1	思想政治		2	2	2	2		
	2	职业道德						2	2
	3	语文		4	4	4	4		
	4	数学		4	4	4	4		
	5	化学		4	4				
	6	物理		2	2				
	7	实用英语		2	2				
	8	计算机应用基础				2	3		
	9	体育		2	2	2	2	2	2
		合计	31.8						

（续）

课程类别	序号	课程名称	占总课时百分比%	各学期课程安排					
				一学期 15周	二学期 15周	三学期 14周	四学期 13周	五学期 10周	六学期 6周
				周学时	周学时	周学时	周学时	周学时	周学时
专业课	10	植物		3	3				
	11	遗传与良种繁育			2	3			
	12	土壤肥料		5					
	13	农业气象			3				
	14	植物保护概论				4			
	15	植物栽培概论				7			
	16	农户经营管理					5		
	17	植物栽培技术					8	10	10
	18	农副产品加工						5	
	19	选开课						8	12
		合计	29.2						
	20	教学实习		35＊2	35＊1	35＊2	35＊2	35＊3	35＊2
	21	生产实习		35＊1	35＊2	35＊2	35＊4	35＊6	35＊10
		合计	39						
		周课时总数		28	28	28	28	27	26
		总课时数		525	525	532	574	585	576

2

第二章 中职园艺专业教学工作计划的制定

作为教师不但要了解教学计划、培养目标、课程体系，在接受课程任务之后，还应学会科学地制定自己的工作计划，掌握制定工作计划的方法。

第一节 教学工作计划的含义及其重要性

一、教学工作计划的含义

教学工作计划是指教师在接受课程任务后，为高效、有序、合理的组织教学，确保教学任务的完成，提高教学质量和工作效率，依据教学计划和教学大纲，而为自己制定的工作计划。

二、教学工作计划的重要性

教学工作计划是确保课堂教学活动有序高效进行的具体规定和客观依据。科学合理的计划，可以更好地把教学目的要求和任务落在实处，有助于理清工作思路、明确教学的目的，使教学工作按部就班地进行，保证教学活动有序、规范性的开展，从而做到工作的计划性、规范性、科学性、合理性，提高我们的工作效率和教学质量。教学工作计划依据教学大纲的范围和要求，具体的程序可分为三个层次或三类。

所谓三个层次分别是学期或学年教学计划（授课计划）、单元或章节教学工作计划、课时教学计划（教案）。在制定教学工作计划时，也应转变观念，更新理念，过去的教学工作计划主要是以教师的直观感觉或主观经验为基础（依据），它主要关心的是教学的方法，所注重的是教的过程。而现代教学工作计划则应有明确的教学目标，着眼于激发、促进学生的学习，注重考虑科学的方法和教学的效果，注重充分发挥每个学生的特点，发展学生的智力（个性），以学生为本。为此，要求教师有效地使用各种教学媒体，发挥教师各种教学技能的作用，综合全面地考虑各种影响课堂教学的因素，注重帮助指导学生达到预期的教学目标。

第二节　学期或学年教学工作计划（课程）

学期或学年教学工作计划是指教师在接受课程之后，对一学期或一学年或某门课程进行地全面计划和整体安排，是完成课程教学任务的总体实施方案，是完成教学任务，按教学大纲办事的具体体现，是组织课堂教学的重要依据。

一、制定的依据（准备阶段）

（一）依据专业培养目标

各门课的教学任务都应统一到培养目标上来。教师以完成教学任务为基本职责，而教学任务的完成以培养目标要求来衡量。

（二）依据课程体系

考虑整个课程结构及课程之间的相互联系，承担课程的地位、作用和性质，要正确处理好不同课程之间相关内容的关系，注意实际课程理论的特点。

（三）依据教学大纲

考虑所承担课程的教学目的要求、任务及完成任务的基本要求，必须按照教学大纲办事。教学大纲是依据人才培养目标和课程体系制定的，是课程教学的指导性文件，是必须遵守的，是编写教材和组织教学的重要依据。"大纲"较为详细、准确地规定了课程的性质、地位和作用，规定了课程的总体教学目标及各章的具体教学目标，还规定了基本的教学内容及章节，是课程教学活动应遵守的基本法则之一。为此，要求每位教师，必须熟悉"大纲"内容，领会"大纲"精神。

（四）依据教材

学期或学年教学计划的制定要依据选择什么样的教材、参考教材，要认真地钻研教材，确定章节的地位，合理地分配时间。还要学会处理各章节的内容，确定讲授主要内容的重点和基本知识点及内容之间的联系，对内容进行必要的补充和更新、阅读必需的参考书，讲课内容的顺序可灵活调整。

（五）依据教学对象

不同层次、不同年龄、不同阶段的同一教学内容或课程，教学工作计划应有所区别。应根据学生的不同，制定适宜的教学工作计划。

（六）考虑教学内容与章节的结合，适当调整不同章节的内容安排时间的顺序

课程工作计划不但是对内容的规定，更是对顺序的合理安排，即是课堂教

学内容、活动的进程规定。考虑到理论与实践教学紧密结合的要求，对有些章节性强的教学内容，可做适当的顺序调整，打破原有的章节顺序。

（七）注意开展教学研究

借鉴别人的经验，向有经验的教师学习、请教、不断调整、完善自己的工作计划。

二、学期或学年教学计划的编制

课程教学工作计划主要有三部分内容：

（一）封面

课程讲授的时间、对象、主讲教师及所在教研室。

（二）说明部分

说明教材选用、教材处理的原则依据、内容及理由等，说明应体现以下内容。

1. 课程的地位、性质、作用，总的教学目的要求。

2. 教材选择的依据。综合考虑以下几个方面：①教学计划、培养规格要求、专业层次；②教学大纲的要求；③教学对象；④地域差异；⑤主要参考书。

3. 教材内容的处理。分析教材内容的知识体系、各章节的关系，根据学生的认知规律，确定不同章节的地位，还应注意把握好教材内容的系统性，确定宣讲的章节及重点章节，并根据各章节的地位合理地确定课时分配，还应注意教学内容的章节性，合理确定编排章节的顺序。

4. 其他教学活动安排的说明，如理论教学与实践的结合，组织教学应注意的问题，以及遇到特殊情况的调整或顺序等问题的说明。

5. 时间安排（分配）。

（三）进程安排（以列表的形式）

1. 确定教学内容的周次、顺序（以二节课为单位排序）。

2. 列各章节的题目及内容，强调内容应具体，即章节的主要内容，或一级标题。

3. 强调教学时数与实验时数合理分配及顺序安排，强调理论教学与实验内容的紧密结合。

4. 备注说明。学习内容的巩固要求、课外作为。

5. 复习巩固。考核的时间安排（完整的教学活动过程）。通过实际训练，要认识课程工作计划的重要性，学会如何制定计划，还要在教学实践中不断地总结，协定和完善工作计划，使计划更合理。

第三节　单元教学工作计划的编制

是指在一个单元教学开始之前，根据授课计划，对单元或一章的教学内容进行较为详细的规划。包括以下主要内容：

1. 课的名称（课题）。每章节的标题。

2. 教学目的要求。强调定位表述准确，每章节的内容按了解、理解、熟悉、掌握、重点掌握、学会应用等不同定位来要求。

3. 教学内容的重点、难点。基本知识点应掌握的主要内容为重点内容，较为抽象的、不易被学生理解的内容为难点内容；重点与难点之间有一定的关系，但不一定有必然的关联。难点内容的确定，一是凭自己对学生的了解，二是凭教学的经验。

4. 课时课型。不同内容的课时分配。课型可分为两类：单一课程、综合课程。

5. 教学方法、手段、教具。

6. 教学的进程安排。

7. 板书计划（板书的提纲，也即为内容的纲领、版面的安排）。板书计划要求更为详细，应包括当下所有的标号、标题，引出下一层次教学工作计划的制定。

第四节　课时工作教学计划的编制（教案）

教案的编制是完成教学任务，是教师的基本职责。把教学任务落在实处，就是要认真组织好课堂教学，认真设计课堂教学，上好每一节课。而上好课则先做好充分的准备，备课是上好课的前提和先决条件，是搞好教学、提高教学质量的一项重要工作和保证。备课是完成教学任务的需要，更是作为教师职业道德的体现，对待备课的认识和投入的程度，是教师应尽的职责和具体任务，完成的情况如何，是一个教学态度问题，是师德的体现，是一种自觉自愿的行为，是一种自我约束，要求教师主观上应努力做到。

所谓教案是课堂课时教学工作方案，是按照课程工作计划及教学大纲的要求，进一步分解课堂内容，进行细致备课所制定的每一节课的实施方案。教案当然要设计具体的教学内容，但是教案不是讲稿，它更注重的是对课堂教学活动的组织和设计、教学活动的计划和安排、教学内容与方法的结合、教学方法技巧的灵活运用。

编写教案是备课的中心环节，是教师根据教材内容精心设计的课堂教学

"蓝图",是把握教学大纲和恰当处理教材的结果体现,教案是备课的"结晶"和成果,是认真备课的凭证,是课堂教学活动应遵循的章法,是保证教师有计划、按步骤上好课的必要手段。备课涉及很多方面的问题,要做到认真备课、备好课、编好教案。作为教师,首先要做好充分准备,全面考虑各种因素,同时还要用新的观念来指导备课,树立端正的态度。

一、编制教案前的准备工作

教案是教师备课成果的综合记录和体现,是进行课堂教学的具体实施方案。为编好教案,首先应做好必要的准备。

(一)熟悉教学大纲,领会教学大纲,把握好教学大纲

教学大纲是根据教学计划、培养方案、课程体系,由教学管理部门制定的指导课堂教学的纲要性文件和规定。它具体地规定了各门课程的范围、结构、进度、深度等内容,对课堂教学提出了总体要求,是组织课堂教学的主要依据,是完成教学任务的衡量标准。作为教师,为了较好地完成教学工作任务,必须熟悉、领会、准确地把握教学大纲。

我们所说的"明确教学目的要求",就是要求我们按照大纲的要求去做。在备课中,要以"教学大纲"为主要依据,把大纲的精神和要求贯彻于备课的始终。虽然教师可以根据科学、社会及生产发展补充"大纲"规定之外的内容,但是全面完成大纲规定的教学任务,是对各门课程的基本要求。所谓保证教学质量,就是要保证教学质量达到大纲规定的质量要求,而提高教学质量,则是在确保基本质量前提下的提高。总之,把握大纲应做到"手中有纲、按纲办事、落在实处"。有了大纲就可以做到"主线清晰、方向明确、纲举目胜"。落实"大纲"不但要求体现在备课中,还应体现在复习、检查、考核等全部教学活动的过程中。

(二)认真钻研教材、精通教材

教材是教学活动中的"三大因素之一",是备课的主要依据。在准确把握好教学大纲的基础上,要根据教学大纲的要求,选择教材,深入细致地钻研、分析教材,达到精通教材的要求。所谓的精通教材,就是要准确把握教材的内容体系及内容的逻辑关系,具体表现在以下4个方面:

1. 教材内容的科学性。
2. 教材内容的系统化。
3. 教材内容的重点、难点和关键点。
4. 理论联系实际。

为了更好地钻研教材,在把握教学大纲的基础上,要钻研、处理好教材,

领会教材的意蕴，学会独辟蹊径地处理教材。为此，教师要掌握以下处理教材的原则和方法。

（1）处理教材的原则

①统筹兼顾的原则　处理好教材就要紧扣教学目的，对传授知识、发展智力、培养能力和思想教育等方面做到统筹兼顾。不但要传授知识，还要把培养能力和素质紧密结合起来，教育学生全面发展。特别是要注意启发学生动脑思考，养成良好的学习习惯，掌握恰当的学习方法，培养创新型、开放型人才。

②适应对象的原则　教学就是要吃透两头，其中一头就是学生。备课的基本功，主要是做到"心中有书，重点明确；目中有人，灵活施教"。这里的人指的就是学生，就是要了解学生基础、理解能力、兴趣爱好，根据学生的实际去处理教材，依据学生的基础去把握教材的内容。

③"举一反三"的原则　所谓的"举一"就是要求教师必须把教学大纲规定的本门课程应该让学生掌握的知识，技能，讲清讲透，让学生理解和明白，如概念讲解。而"反三"则是要求教师注重引导学生，启发学生思考，让学生在掌握一定基础知识、技能的基础上，动脑思考新的问题，掌握新的内容，从而达到举一反三、触类旁通的目的。实际上，是一个传授知识、发展智力和培养能力的关系。

④灵活处理的原则　即是要求教师对不同类型、不同特点的教材，对不同的教学内容，采用不同的处理方法，使教师既能教出教材的内容特色，又能发挥教师的专长，同时又符合学生的认知规律，调动学习的积极性、主动性。

综上所述，以上4条处理教材的原则，相互联系、相互渗透。统筹兼顾、适应对象是指处理教材的原则性；而灵活处理与举一反三则是处理教材的灵活性。对四个原则综合考虑、合理运用，备课就会取得良好的效果。

（2）处理教材的方法步骤　虽然处理教材的方法因人而异，多种多样，但仍有一些共同的规律可循，即都要遵照一定的方法去做。这里探讨的就是在处理教材中一般通用的方法和技巧。

①钻研大纲，明确目的　大纲规定了各科教学的总的要求和任务，并规定了学生应掌握的知识内容、范围、教学进度及时间分配等。作为教师，首先应了解、领会，"为什么教""教什么""怎么教"以及教到什么样的程度，如何才能达到教学目的要求等问题。为此，就需要认真地钻研教学大纲，明确所承担课程的目的要求和任务，正确处理协调好教学过程中涉及的各种要素。

②通览教材，鸟瞰全局　通览教材的全部内容，掌握教材的内容体系，以

及内容间的相互联系，明确不同章节的地位、作用。对各章节应非常熟悉，也就是应系统、完整地掌握教材内容体系。

③疏通教材，清除障碍 在通览教材的基础上，进一步对教材每章每节甚至包括标点符号的内容逐句逐字地详细阅读、反复推敲，特别是对一些错误的地方，要进行更正。在疏通教材时，还应注意阅读必要的参考书（资料）这样才能保证教学内容的准确无误。绝对防止给学生提供错误的信息，最后达到对教材内容"通""懂"的要求。

④熟悉教材，重点记忆 在疏通教材的基础上，还应进一步钻研教材，达到对教材内容"透"和"熟"的要求。就是要较为深刻地理解教材内容的内含和实质。例如，什么是"大小年"、物候期、亲和力？把教材的语言变为自己的语言，才能在教学中正确运用，挥洒自如。

虽然说"备课"不是"背课"，但对教师来说，特别是对年青教师，对重点、重要的内容，应力求做到"背下来"的程度。例如，概念、定理。但不是死记硬背而是重在理解、消化，把握内容的实质。也就是说，作为教师来说，"不能不看讲稿，但是也不能不离讲稿"，照本宣科。该看的看，不该看的不能看。

⑤分析教材，把握"三点" 分析教材是为了更深入透彻地把握教材，主要体现在对重点、难点、关键点的把握。

首先，要抓准教材的重点。重点是教材内容体系中的主要内容、特色内容。明确教材的最基本、最重要的部分，并领会其精神实质，根据情况拟出教学方案，或教师重点讲解，或指导学生自学，或紧扣重点阅读教科书，或围绕重点展开讨论，或抓住重点反复练习。

其次，要把握教材的难点。难点是教材中较为抽象、难以理解的内容，与重点内容有一定的联系，但不一定有必然联系。不能把两者等同起来。教师要深入了解学生的实际情况，研究学生的学习特点，从学生的角度去看待教材，找出哪些知识和技能是学生难以理解的，然后采用适当的方法来突破。

最后，要确定教材的关键点。关键点就是我们常说的"课眼"，是指教材中起决定作用的基本概念、原理、专业术语等。只要抓住了这些关键点，就能在课堂教学中突出重点、突破难点，收到以点带面、事半功倍的效果。

⑥精心设计，妥善安排 就是要考虑对教材内容的处理、讲授内容的组织、教材内容的转换，由书面语转换为课堂语言，由别人的语言转化成自己的语言；精心设计讲课的提纲和内容，还要考虑教学内容与方法的结合，灵活选

择适当的教学方法，力求做到，课堂精心设计，开头引人入胜，内容丰满坚实，结尾耐人回味，教学井然有序，不浪费每一分钟时间。

⑦阅读资料，吸取营养　教学参考书是教科书的补充。教师阅读有关教学参考书和一些与所教学科的相关书籍，可以扩大自己的知识面，加深对教材的理解，充实教学内容。但不要受教科书的局限和束缚，做到教学不脱离教材，但又高于教材，能得心应手地驾驭教材。在阅读教学参考书时，要学会筛选和取舍，选取一些有价值的内容，丰富、充实教材。

(三) 了解学生，考虑学生实际

学生是教学活动中的主体，教学效果最终应体现在学生对知识的掌握程度，因此，作为教师，在备课时必须注意充分地了解学生，这是现代教学中的新观念之一。如了解学生的知识基础、年龄、接受能力、智力水平、兴趣、爱好、思考状况等情况。通过分析学生，把握学生，注意调动和发挥学生的主体作用，调动学生学习的积极主动性，把教与学紧密结合起来，针对学生的实际去组织教学，这是"因材施教"的教学原则所要求的。作为教师，不仅考虑教法，如何教好，更应考虑学法，如何让学生学好。

(四) 备教法，优选教法

俗话说"教学有法，但无定法"，不存在所谓"万能"的教学方法。方法的选择运用是有条件的。在备课中，不但要熟悉内容，还要根据教学目的、任务、课程性质、教学内容、教学对象、教学条件等灵活地选择和确定适应的教学方法和手段。为此，要求教师既要注意把握整个教学方法的体系，熟悉所有的教学方法，还要了解各种不同教学方法的特殊作用，学会根据不同情况，不同内容，灵活、恰当、创造性地选择和运用教学方法。

总之，作为教师，在备课时，要做好上述几个方面的准备，即备大纲、备教材、备学生、备教法。

二、教案的编制

教案是备课的结晶和成果，是备课的综合记录，是实施、组织课堂教学的重要依据。编写教案是备课过程的核心环节，是备课活动的重要组成部分，是备课成果的具体体现，是对教师备课认真、细致、深入程度的客观反映，更重要的是教师教学态度的体现。因此，对未来的教师，掌握教材编制的方法和技巧，是很重要的。编写教案，首先应熟悉教案的结构。

(一) 教案的结构

一般来说，由三部分组成。

1. **概况 (基本情况)：**

（1）课题。

（2）授课班级。

（3）授课时间。

（4）教学目标。

（5）重点、难点。

（6）课型。

（7）教学方法及手段。

2. 教学过程（教案的主体）：

（1）教学过程的主要环节 组织课堂教学；复习提问；导入新课题；讲授新课；小结；课堂测验，巩固；布置课外作业（思考）。具体一次课涉及多少环节，依据教学内容，状态而定。另外，不但把握好课堂教学过程的主要环节，还应重视各环节之间的联系、衔接、过渡。

（2）教学步骤及时间分配。

（3）教学内容组织。

（4）教学方法的具体运用。

3. 板书和板面设计。

（二）教案编写的方式

教案编写的方式有很多种，其基本的方式可归纳为 3 种，即文字式表达法、列表一览法、卡片式教案。

1. 文字式表达法 指主要用文字形式将备课的内容和结果表达出来。该方法是备课写教案最基本、最常用的方法。依据文字式表达的详略，可分为：

（1）讲稿式的详案。把上课的每一句话、每一个动作都尽可能用文字详细地表述清楚。相当于上课前的预演，导演的脚本，施工的方案。

这种方式的优点：有助于教师科学，准确地调控教学进程，更好地发挥教师的主导作用；能帮助教师准确地组织教学语言，选词用词准确，避免用词不准，信口开河；有助于教师娴熟地掌握教学内容，避免内容遗忘、凉场，但较费时、费力。

（2）纲要式的简案，只表述主要内容；提纲式，只写出标题。在选择这两种方式时，主要依据教学的实际需要、教师个人的能力而定，对有经验的教师或教学内容熟练掌握的教师，可以写简案，而对青年教师或园艺专业师范生技能训练时，则要求写详案。文字式教案的格式及内容如下：

①概况 课题名称；教学目的；教学重点；教学难点；课型课时；教学方法；教学用具，手段。

②教学过程　包括板书计划、教学内容及时间分配。各环节时间分配可参考组织教学 1~2min；复习提问 2~3min；导入新课 3~5min；讲授新课 30~40min；巩固教学（小结）3~5min；布置课外练习 1~3min。强调时间的准确把握，需要在实际中锻炼。在讲课初期，多数教师对时间把握不准，主要体现在准备内容较多、语速快、赶内容。

文字式教案的编写步骤：

①依据教学大纲，明确教学目的。

②组织教材，确定教学内容，突出主要重点、难点内容。

③确定课的环节及时间分配和教学方法。

2. 列表一览法　依据讲课的内容，将课堂教学组织及教学内容设计成一览表格的形式，依据课程的性质及教学内容而选用。

3. 卡片式教案　将讲课的主要内容、易忘记的内容、需补充的内容写在卡片上，以作提示。也可称为话页式教案，是一种简单的形式，是把教案的纲要、线索、知识点、重点、难点、不便记忆的内容及质疑补充的内容写在卡片上的一种教案形式

依据提示的内容可分为：

（1）新课卡　线索卡、质疑卡、知识卡、数字卡等。

（2）复习卡　依据提示范围可分为：

①教案纲要提示。

②教学内容及补充提示。这种方法较为灵活，方便教学，便于修改，补充。

上述三种教案形式，是编写教案的主要形式，各有优缺点，在具体应用时，应因课程、课型、因教师而定的灵活运用。常用的形式是文字式，也可几种形式相互配合，以一种形式为主，其他形式结合。如以文字式为主，卡片式配合。

总之，教案是备课的综合体现，欲上好课，必需备好课，而备好课则体现在写教案上，教案就像是乐队的乐谱、施工的图纸、排戏的脚本，作为一名教师，我们应当掌握好编写教案的方法和技巧。

为了编好教案，首先要认识到位，并给予高度的重视，要端正态度，具有责任心和职业道德，自觉养成保持良好的备课习惯；其次，要注意不断地总结经验，不断地改进和提高，不断地充实、完善、更新教案。对任何层次的教师（新、老教师）都必须认真备课写好教案，可以根据个人情况，教案形式有所变化，但绝不允许上课无教案。

附　文字式详案

文字式详案范例

第一部分　总体概况

课的题目：

一、根的形态

二、根的结构

（一）根尖及其分区

教学目的：

1. 了解主根、侧根、不定根和根系的基础知识。

2. 认识根系在土壤中的分布情况。

3. 掌握根尖各区的构造特点。

教学重点：

1. 根系的特点及在土壤中的分布状况。

2. 根尖各区的细胞结构特点。

教学难点：

根毛的作用，根尖各区的发展变化。

教学用具：

1. 小麦、棉花整体植株标本，棉花植株板图。

2. 投影仪，经培养长满根毛的小麦幼苗。

3. 根尖的构造纵切挂图，根尖各区细胞板图。

4. 根尖构造纵切分区剪贴图（示根尖各区细胞分化特点及根尖各部分的发展变化）。

第二部分　教案

教学过程：

1. 什么叫器官？一株完整的植物体有几大器官组成？（提问后画出一株完整植物体的板图）	复习提问（3min）
2. 各器官的功能是什么？ 在学生答出营养器官和生殖器官时，教师引入新课。今天让我们先学习植物的营养器官，下一章再介绍植物的生殖器官。	
第四章　植物的营养器官	（板书）
营养器官的形态和构造各具不同的特点。根是植物体的地下营养器官，它的主要功能是吸收水分和无机盐，并使植物固	讲授新课（35min）

定在土壤中，还能合成少量有机物，如 CTK 等。根对植物体 | 引言
的生长具有很重要的作用。我们要想对根有较深的了解，首先 | （1min）
要知道根的形态。

一、根的形态（10min） | （板书）

根据板图、举例、实物解释说明：

1. 主根：由胚根发育而成的根。

2. 侧根：主根上依次生出的根。

3. 不定根：从胚轴、茎、老根、叶上生出的根（板书后
举例说明：玉米、小麦、甘薯、草霉茎上生出的根是不定根，
落地生根还可以从叶上生出不定根）。

4. 根系：一株植物所有根的总和。

让学生观察小麦、棉花根系后，它们的主根、侧根、不定
根的生长情况各有什么不同？学生回答后总结出直根系的特
点，举出一些具有直根系的植物种类；须根系的特点，以及哪
些植物的根系是须根系。

一般来说，直根系由于主根发达，入土较深，属于深根 | 讲述
系，如棉花。须根系由于主根很不发达，入土较浅，属于浅根
系，如小麦。植物根系的深浅，受环境条件的影响很大。植物
只有根系发达，才能生长良好、根深叶茂。因此，在生产上采
取深耕松土、适时排灌、合理施肥及改良土壤等措施，就能给
根系在土壤中生长创造良好的条件，为丰产打下基础。

根系在土壤中向深处伸长和宽处扩展，是为了扩大根的吸 | 引言
收范围和固定植物。那么，根是怎样伸长呢？推想有 3 种可 | （1min）
能：第一个可能是根的所有部分都进行细胞分裂，就像拉长皮
筋那样使根等距加长；第二个可能是靠根的基部生长，使根加
长；第三个可能是只靠根尖生长，使根深入土壤深处。上述三
个推论，只有一个可能是正确的，哪一个正确呢？我们只有通
过了解根的结构才能回答这个问题。

二、根的结构（20min） | （板书）

从土壤里挖出的根，根尖部分大多受到损伤，而培养出来 | 讲解
的幼根其根尖是完整的。让我们看一下完整的根是什么样子
（用投影仪展示小麦幼苗根，或分发小麦幼苗让大家观察）。

（一）根尖及其分区

出示根尖纵切挂图并解释：每条根的根尖细胞数目是很多 | 讲解

的，这是细胞分裂的结果。但并不是根尖所有细胞都有分裂能力，只有每条根尖的近顶端，有一团细嫩的细胞群（画分生区细胞板图），这些细胞个小、壁薄、核大，而且具有很强的分裂能力。大家想一想：这些形态、结构、机能相同的细胞群，应该称为什么组织？（齐答：分生组织）根尖由分生组织构成的这一区域称为分生区，也叫生长点。

分生区（生长点）：　　　　　　　　　　　　　　　　板书
（指示挂图上分生区位置，让学生回答）根的近顶端。　位置
（指定学生看板图回答）个小、核大、壁薄等，具有很强　细胞特点
的分裂能力。　　　　　　　　　　　　　　　　　　　机能

当根向土壤深处伸长时，裸露的生长点免不了会与土壤颗　讲述
粒摩擦，这样的幼嫩细胞一定会遭到破坏而受损伤。因此，在根的顶端有一个圆锥形似"安全帽"的结构，把生长点完全遮盖起来（指示挂图上根冠的集团）。这部分结构称为根冠。

根冠：　　　　　　　　　　　　　　　　　　　　　　板书
套在生长点外面。　　　　　　　　　　　　　　　　　位置
（画出根冠细胞的板图）壁薄、形状不规则、排列疏松、　细胞特点
能分泌黏液。

（指定学生回答）保护生长点。　　　　　　　　　　　机能
根冠细胞在根伸长时，经常被土粒磨损或死亡，从根冠上　讲述
脱落，但分区能不能产生新细胞来进行补充，使根冠保持一定的形状和厚度。

（指挂图）生长点以上的细胞，分裂停止，开始伸长、生　讲解
长和分化，导管和筛管已开始形成（绘伸长区细胞板图）。伸长区细胞沿根尖纵轴方向迅速伸长，成为根部向土壤深处延伸的动力。

伸长区（结合挂图、板图总结）：　　　　　　　　　　板书
生长点上部。　　　　　　　　　　　　　　　　　　　位置
分裂停止，开始伸长、生长和分化，导管和筛管开始　　细胞特点
形成。　　　　　　　　　　　　　　　　　　　　　　机能
使根伸长。　　　　　　　　　　　　　　　　　　　　讲解
（指示挂图）伸长区上部的细胞已停止生长，开始分化，表皮细胞的外壁向外突起，从而增加了根的吸收面积（绘根毛细胞板图）。据计算，玉米每平方毫米的根上平均约有根毛

420 条，苹果约有 300 条。根主要就是依靠这众多的根毛，来吸收水分和无机盐的。

根毛区内部的细胞也停止了生长，细胞分化已基本达到成熟稳定的阶段，出现了各种组织，行使吸收、输导、贮藏等机能（绘导管、薄壁细胞板图）。 | 讲解

根毛区（成熟区）： | 板书
伸长区上部。 | 位置
表皮细胞形成根毛，内部细胞分化出导管、薄壁细胞等。 | 细胞特点
吸收、输导、贮藏。 | 机能

从根尖的结构可以看出，由于根是不同的组织按一定的顺序连接，共同完成一定机能的结构，因此称为器官（营养器官）。器官内各组织间没有截然的分界线，而是一个紧密相连的统一整体。 | 讲述

（剪贴图与板图相配合，边贴、边画、边讲解）生长点的细胞不断分裂，向下补充根冠细胞，向上为伸长区补充新细胞，新补充的细胞迅速伸长形成新的伸长区，原来的伸长区生长停止，外部细胞分化为根毛细胞，内部细胞分化为导管、薄壁细胞等。老的根毛区细胞、根毛脱落，但内部导管增多，加强了输导机能，却使得吸收机能大大减弱。随着根尖各部分的发展变化，根尖不断向下、向四周扩展推进，根系逐渐发达。根尖是根生长、分化、吸收最活跃的部位。从剪贴图看出，整个根尖自顶端向上依次为根冠、分生区（生长点）、伸长区和根毛区（成熟区）四部分。 | 小结（3min）

综合上面的内容，请同学回答： | 巩固（5min）
1. 根系有哪几类？各有什么特点？
2. 根尖分为几个区？各区的细胞特点和机能是什么？
3. 为什么移栽植物根部要多带一些土？
4. 根系能不断向下伸长，向周围扩展的主要原因是什么？

 | 结尾（1min）

1. 预习课本。 | 布置作业（1min）
2. 解答课后复习题等。
下课。

第五节　课件的制作

一、课件的教学功能

课件是指在一定的教学与学习理论指导下，根据教学任务和教学目标设计的、反映某种教学策略和教学内容的计算机软件，是设计和编制者按某一思路设计制作的、前后连贯的、有系统性的软件。课件的教学功能主要体现在以下几个方面。

1. 图文并茂、声像并存，激发学习者的学习兴趣，便于学习者学习　多媒体教学软件由文字内容、图像图形、声音、动画、视频等多种媒体信息组成。课件具有图文声像并茂、多种感官信息综合刺激的优点。这种综合刺激能激发学习者的学习兴趣，而且图文声像便于学习者对知识点的理解和记忆，提高学习者的学习积极性和学习效率。

2. 友好的交互环境，调动学习者的参与积极性　多媒体教学软件能够提供图文声像并茂、人机交互、丰富多样的学习环境，使学习者能够按自己现有的基础知识和习惯爱好选择学习内容，充分调动和发挥学习者的主动性，真正体现学习者的认知主体的作用。

3. 信息量大，信息资源丰富，有利于扩大学习者知识面　多媒体教学软件能够提供给学习者大量的多媒体信息和资料，创设了丰富有效的教学情境，不仅有利于学习者对知识的获取、理解和掌握，而且还能够拓宽学习者的知识面。

4. 超文本结构组织信息，能够给学习者提供多种学习路径　超文本是按照人类联想思维方式非线性地组织管理信息的一种先进的新型技术。由于超文本结构信息组织的联想式和非线性，符合人类的认知规律，所以便于学习者进行联想思维，便于学习者学习和记忆。另外，超文本信息结构的动态性，使学习者可以按照自己的目的和认知特点重新组织信息，按照符合学习者自身特点的路径进行学习。

二、课件的类型

1. 演示型　借助现代多媒体计算机的强大功能，根据实际教学需要，由使用者编制的课堂演示教学软件；或者使用者根据教学或需要用其他软件将教学中的难重知识点用适宜的多媒体信息，如图形、图像、声音、动画、视频等，通过多媒体演示系统表现出来，使抽象、晦涩难懂的内容变成生动形象、直观的知识，并且可以根据使用者的需要自由控制，有利于学习者理解掌握。

2. 训练与练习型　在当前的教育环境下，这样类型的课件越来越受学习者的欢迎。因为这种类型课件一人一机学习者不受其他人干扰，学习者依照自己的学习进度进行学习与模拟操作，通过试题、练习题、测试题的形式来强化学习者某方面的知识或能力，不断检验自己对所学知识或能力的掌握程度，使学习者能较好地巩固所学的知识或能力。

这种类型的课件给学习者提供与其所学的知识或能力相似的练习题目，通常是一次一个练习项目，针对每个项目课件还会给予反馈，反馈的内容取决于学习者输入的内容，反馈的形式很多，例如对错判定、文字解释、提示继续尝试、动画演示等形式。而一般当学习者回答正确时，课件就会直接进入到下一个练习项目。训练与练习型课件的功能可以分为多个层次。学习者可以逐一回答课件中出现的一系列训练与练习问题。有些课件的功能较强，能够在学习者选择出或者回答出某一层次问题的答案后，把学习者导向高一层次的问题；当学习者选择或回答的答案有错误时，使学习者回到低一层次的问题。

在设计这种类型的课件时，要保证知识点具有较高比例的覆盖率，便于学习者训练和考核。

3. 网络教学型　随着计算机技术和网络技术的飞速发展，通过局域网进行教学和学习的人越来越多，网络教学型课件资源也越来越丰富。网络教学型课件可以达到人与计算机之间的双向、多向互动式的教学目的，提高了教学信息传播的速度、距离、数量、质量，并且通过互动作用提高教学信息传播的有效性。种类型课件在教学过程中的应用，使教师既能有效控制教学机，又能有效地管理课堂教学，突出了学习者的主体作用，从而提高课堂教学效率。

4. 个性化学习型　个性化教学就是为了满足不同学习者的个性化学习要求而出现的，适应每个不同学习者已有知识水平的教学形式。在这种教学模式中，教师的主要任务是进行教学设计，编写制作合理的个性化教学课件，以适应不同知识层次的学习者使用，从而实现教学的个性化；学习者也可以根据自己的需要，选择市场上已有的课件或者教学软件，在计算机上自行学习，从而达到个性化的学习。

5. 虚拟仿真型　虚拟仿真型教学就是指利用现代强大的计算机虚拟仿真技术，对教学环境、教学内容进行虚拟模仿的教学模式。在这种模式下，学习者可以解决很多室内、室外实验中实现不了的实际困难，进入由计算机虚拟模仿的仿真环境，实现仿真环境下的具体操作、感受和体验，学习者能够接受多感官的综合刺激，更容易调动学习者情感的参与，将难以实现的抽象教学内容具体化、形象化，能给学习者留下比较深刻的记忆，更能提高学习效率。

6. 开放学习型　开放学习是指利用现在的局域网（LAN）、广域网

（WAN）甚至因特网（Internet）的开放型学习环境的学习模式。由于网络技术具有信息传播量大、传播速度快、传播范围广、多向交互作用等特点，使任何一个学习者都可以通过网络查询到自己学习需要的相关知识信息，获取自己需要的知识。任何一个教师都可以通过网络上发布课件、讲稿、视频，并可以通过网络传播给学习者，真正体现出一切信息向一切学习者开放，教育面向每个人的理想境界。

三、常用的课件制作工具

现在可应用在课件制作方面的软件比较多，而且大多数功能相同或相似，使用者可以根据自己的专业知识水平或喜好来选择安装适合自己的软件。大致可以分成两类，即辅助工具和写作工具。

（一）辅助工具

辅助工具，就是在使用者制作课件的过程中，这些工具不是必不可少的，但由于这些工具的存在却可以让你做出声色并茂的高质量的课件。简单介绍一下这些工具。

1. 图形制作与编辑工具 常用的图形制作与编辑软件有 Photoshop（PS）、CorelDraw、PhotoDeluxe、PhotoDraw、Express、GIFANIMAGICAL、3DMAX、COOL3D 等。

PS 是美国 Adobe 公司开发研制的图形处理软件，是专业的、高性能的图形制作工具，也是最常用的图形处理软件，它主要用于平面设计，在工艺美术设计、服装设计、工业产品设计、出版印刷等诸多行业得到了广泛地应用，但是由于其要求使用者具有一定的美术功底和专业知识，缺少常用的固定模板，总的来说，一般使用者操作起来有一定的难度。

CorelDraw 是加拿大 Corel 公司开发研制的一个专业的图形处理软件，市场上大型图形处理上可与 PS 一争高低，与 PS 相比较，同样 CorelDraw 存在使用复杂需要一定专业知识的特点，对使用者要求相对较低，少了些专业色彩，大都提供了数量很大的常用图形作为模板，方便使用者制作出课件上常用的图形按钮、图片，而且操作上相对简单。但缺点也较明显，就是用 PS 处理出来的专业的效果，在 Express、PhotoDraw、PhotoDeluxe 上却实现不了。

GIFANIMAGICAL 是一款专门制作 GIF 动画的软件，使用者可以编辑属于自己的动感图形文件。3DMAX 是加拿大 Discreet 公司开发研制的（后被Autodesk 公司合并），是基于 PC 系统的三维动画制作和渲染软件，动画制作的优质软件，但操作复杂。

COOL3D 是一款只能编辑、生成文字和图形动画的软件，虽然操作简单，但有较多的缺点。或者复杂、简单的软件都各有特点，使用者根据自己的专业水平与喜好适当选择。

2. 图像制作、编辑工具 现在课件制作过程中，比较常用的图像制作、编辑工具有 SNAZZI AMIGO、IFILM、超级解霸、视频采集卡等。

SNAZZI AMIGO 是一款专业的图像制作、图像编辑软件，而且需要有一块视频卡的支持，可以将已有的视频信号通过视频卡，经过 SNAZZI AMIGO 软件的处理，转变为数字信号，成为可在课件中直接引用的形式；视频采集卡与之有相似之处，可以将电视信号直接转换成数字信号，方便从电视节目获得必要的资源。

超级解霸是我国研制开发的一款多媒体播放软件，但同时也支持 VCD 转 MPEG、CD 转 MP3 等图像、音频的制作，是一款操作简单、功能齐全、价格便宜的软件。

3. 音频制作、编辑工具 音乐、配音是高质量课件中必不可少的元素。常用的音频制作工具有超级解霸、录音机（Windows 自带）、专业的录音设备等。超级解霸就能够实现采集、转换各种格式的音频。录音机可以录制时间较短的音频，其时间长度为 60s，但是，现在可实现连续录音，从而突破了 60s 的限制。要想录制质量较高时间较长的解说词或者音频，则要借助专业的录音设备。

（二）写作工具

写作工具就是用来制作课件的平台工具，是制作多媒体课件的主体，课件制作者使用的写作工具形式特点，直接决定所制作的课件的表现形式及传播方式等。

常用的写作工具有 PowerPoint、Authorware、FrontPage（HTML）、Flash、Adobe Dreamweaver CS5 等。

PowerPoint 是 Microsoft 公司的 Office 套件中的优秀产品，是从传统的幻灯片发展而来的计算机软件，由于它同 Word 有相似之处，同时具有一定的动画功能，方便易学，制作周期短。

Authorware 是 Micromedia 公司开发的强有力的多媒体开发工具，其功能强大，在多媒体编著系统中有着不可替代的地位，但它并不是一个专门为教育领域开发的产品，所以在实现某些教学思想的时候，较为麻烦。

Flash 是 Macromedia 公司推出的矢量编辑和多媒体创作软件，它可以对其图形素材做无极放大，提供了丰富多彩的动画，轻松实现混音，压缩音频文件，强大的交互功能，互联网的解决方案等，可与 Authorware 在多媒体创作领域一争高低。

FrontPage 是 Microsoft 公司推出的基于互联网的网页制作软件，从其本质上讲，它不是一个专业课件写作工具，但由于其本身所具有的特点，可以将它归入写作工具之列。FrontPage 的使用，秉承了 Word 的"所见即所得"的特点，与 Word 有相似的操作模式，简单易学，而且可以通过互联网进行传播。

Dreamweaver CS5 是 Adobe 公司收购 Macromedia 公司后最新推出的用于网页设计与制作的组件。作为全球最流行、最优秀的"所见即所得"的网页编辑器，Dreamweaver 可以轻而易举地制作出跨操作系统平台、跨浏览器的充满动感的网页，是目前制作 Web 页站点、Web 页和 Web 应用程序开发的理想工具。

四、课件的制作

现在以使用比较普遍的 PowerPoint（PPT）为例，简单介绍课件的制作过程。

1. 选择幻灯片版式和幻灯片设计板　点击"格式"菜单（图 2-1）中的"幻灯片设计"、"幻灯片版式"，在 PPT 界面的右侧就会出现相应的菜单。根据课件不同应用幻灯片设计模板可以自由选择，可以选择系统自带的模板，也可以自己制作模板或者从网上下载。幻灯片板式分为文字版式、内容版式、文字内容版式和其他版式，根据自己的需要选择合适的版式。

2. 标题和文本的添加　在每一张幻灯片的相应位置添加文字，可以用键盘逐字输入，也可从文本文件复制粘贴过来。幻灯片中文字不要太多，能用图表、图像表示的尽量不要使用文字。

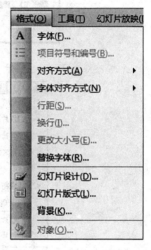

图 2-1　格式菜单

每段文字的前面都有自动生成的"项目符号"或者"编号"，根据需要可以保留，也可以去掉。点击"格式"菜单中的"项目符号和编号"，就会弹出"项目符号和编号"对话框（图 2-2），点击"无"就会去掉"项目符号"，如果点击某种样式的"项目符号"就会每段文字前面出现相对应的项目符号。

3. 插入图片　在 PPT 中插入图片是比较简单的操作。一种方法是将计算机中的存储图片直接复制粘贴到幻灯片中。也可以点击"插入"菜单中的"图片"项，在"图片"菜单中选择插入的图片类型（图 2-3）。可以选择"剪贴画"，插入系统自带的一些图片；选择"来自文件"，则可以插入自己想插入的图片；也可以选择插入来自照相机、扫描仪的图片，或者是插入图形、艺术字、组织结构图等图像文件。

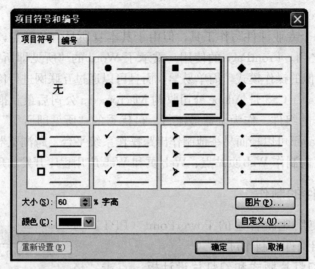

图 2-2 项目符号和编号对话框

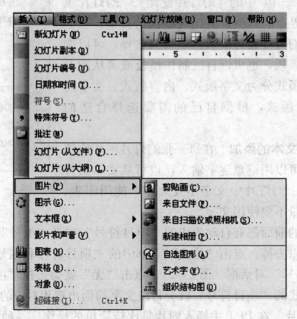

图 2-3 插入图片菜单

　　如果插入的图片不符合要求，还可以根据需要进行简单地修改。从 PPT 界面上方的工具栏中将"图片工具栏"唤醒；或者点击右键菜单中的"显示'图片'工具栏"选项，唤醒"图片工具栏"（图 2-4），然后对图片进行简单的编辑。可以调整图片的颜色、对比度、亮度，还可以进行裁剪、旋转等操作。

图2-4 图片工具栏

4. 插入音频和视频 常用的方法就是在"插入"菜单中，点击"影片和声音"选项（图2-5），选择"文件中的声音"，然后在计算机中找到要插入的声音文件点击插入即可。

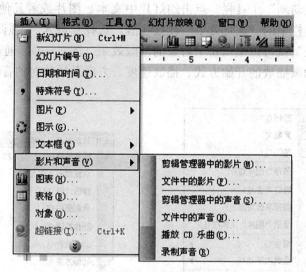

图2-5 插入音频和视频菜单

加入声音文件后，PPT界面上会出现"声音播放法师对话框"（图2-6），选择合适的播放方式，幻灯片上会出现一个"小喇叭"图标。如果选择"自动"，则只要幻灯片播放进入该页后就会立即播放声音文件；如果选择"在单击时"，则需要进入该页幻灯片后单击"小喇叭"图标后才播放声音文件，再次单击则重新播放，幻灯片换页则播放停止。

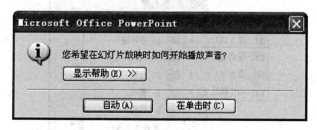

图2-6 声音播放方式对话框

如果要编辑声音对象，只需用右键单击"小喇叭"图标，唤醒右键菜单，点击"编辑声音对象"选项（图2-7），就会有"声音选项"对话框弹出，然后惊醒简单的编辑。

视频的插入与音频相似，只要选择"插入"菜单中"影片和声音"选项内"文件中的影片"即可。

5. 自定义动画　点击PPT界面上面的菜单栏中的"幻灯片放映"选项（图2-8），在下拉菜单中点击"自定义动画"选项，在PPT界面的右侧就会出现"自定义动画"工具栏。点击幻灯片中文本、图片或者其他对象，"自定义动画"工具栏中的"添加效果"就被唤醒，选择"进入""强调""退出"或者"动作路径"就可以编辑每个对象的动画效果（图2-9）。通过动画效果编辑可以控制动画播放的开始方式、播放速度、方向及播放时的音效。

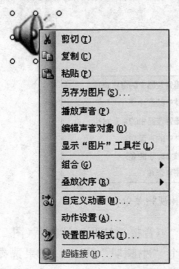

图2-7　声音编辑菜单

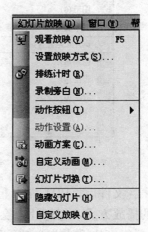

图2-8　幻灯片放映菜单

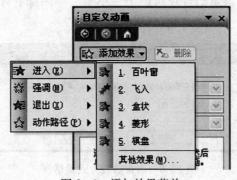

图2-9　添加效果菜单

也可以在"幻灯片放映"下拉菜单中点选"幻灯片切换"选项，编辑每一页幻灯片的切换方式。

自定义动画编辑完成以后，一定要反复地播放，检查动画效果、播放速度、声音效果以及幻灯片切换方式是否达到要求。园艺专业本科教学用课件动画效果一般不要太多样式，非必要时动画播放和幻灯片切换也不要有声音。

6. 电子粉笔　在 PPT 放映过程中，有一个较为实用的功能，就是"电子粉笔"。在幻灯片放映过程中，用右键点击幻灯片界面，在右键菜单中选择"指针选项"；点击选择"圆珠笔""毡尖笔""荧光笔"（图 2-10），就可以在放映的幻灯片上进行鼠标手写。

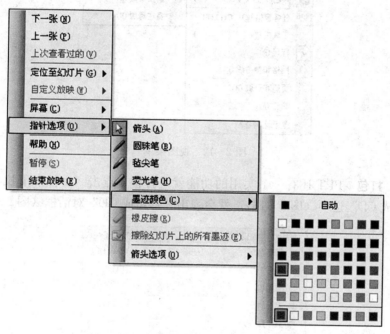

图 2-10　电子粉笔选择菜单

这个功能可以代替粉笔的功能，而且根据需要可以改变墨迹颜色（图 2-8），还可以保留或放弃粉笔的痕迹（图 2-11）。

图 2-11　电子粉笔痕迹保留或者放弃对话框

7. PPT 中幻灯片的优化 想制作出具有自己独特风格的幻灯片，PPT 中还有很多个性化元素可以去调节。例如，配色方案、背景、母版（图 2 - 12）等，可以根据自己的需要进行编辑。

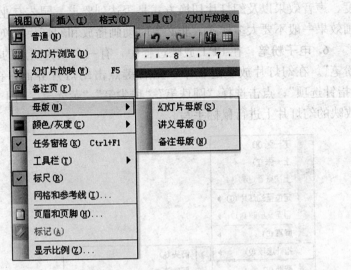

图 2 - 12 视图菜单

8. 打包 PPT 还有一个实用的功能就是打包。点击"文件"下拉菜单中"打包成 CD"选项（图 2 - 13），就会弹出"打包成 CD"对话框（图 2 - 14）。

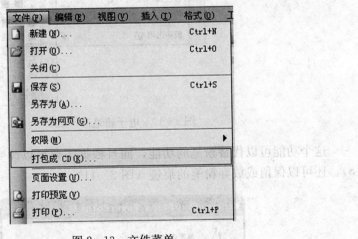

图 2 - 13 文件菜单

然后再点击"复制到文件夹"，就会弹出相应的对话框（图 2 - 15），然后给文件夹起名字、选择存放位置，点击"确定"就可进行打包了。

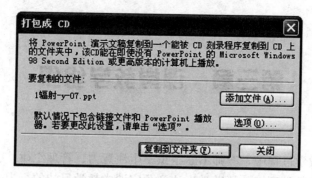

图 2-14　打包成 CD 对话框

图 2-15　复制到文件夹对话框

3

第三章 课堂教学组织

在课堂教学过程中，教师不断组织学生注意力、管理纪律、引导学习及建立和谐愉悦的教学环境，帮助学生达到预定课堂教学目的的行为方式，称为教师的课堂教学组织。

课堂教学组织有什么作用呢？

1. 课堂教学活动。

2. 保证教学活动顺利进行。

3. 使学生注意力集中。

4. 使课堂教学秩序井然有序。

5. 提高整个课堂教学效果。

教师的课堂教学组织是课堂教学活动的支点，它决定了课堂教学气氛和课堂教学进行的方向。教师和学生都可以参与课堂组织，而其中教师在组织行为中是起主导作用的，占整个课堂组织行为的95％以上。组织行为可以占课堂的一段一时间，也可能是简单的几个字，甚至一两个手势、眼神等。有时也和其他教学行为同时出现。所以课堂组织技能必须贯穿于整个课堂教学活动的始终。

第一节 课堂教学组织的目的

一、组织和维持学生的有意注意

为了有效地组织学生的学习，教师必须重视学生学习的注意力。正确地组织教学，严格地要求学生，有利于学生养成有意注意的习惯，也有利于意志薄弱的学生注意力的集中，建立正常的课堂常规或课堂 纪律模式。

二、引起学习兴趣和激发学习动机

采用多种教学组织形式是激发学生兴趣、形成学习动机的必要条件。在教学中，老师根据园艺专业的特点、知识特点和学生的年龄特点，采用不同的教学组织形式，调动学生学习的积极性，使他们情趣盎然地参与到教学中来。

三、增强学生的自信心和进取心

在课堂秩序管理方面，采用不同的组织方法对学生的思想、情感等方面会产生不同的影响效果。学生出现课堂纪律问题时，是斥责、罚站、加大作业量等给予惩罚，还是分析原因、启发诱导、实事求是、合情合理地进行解决，对学生的近期和长远发展都会产生不同的影响。许多实践证明，对学生过分的惩罚，会增加学生的失败感、自卑感，挫伤学生的积极性，并且对教师产生反感。

任何学生都有自己的特点 和特长，课堂教学组织应重视学生的个性特点，采用不同的管理方式。教师在组织课堂教学的过程中，对于个别学生既要严格要求、认真管理，又要看到他们的长处，因势利导地进行教育。只有这样，才能逐渐增强他们的自信心和进取心，向好的方面转化。在现代教育教学中，应该符合"无痕管理或监控"，它富有美感，蕴涵创造，充满暗示；它通过营造润物细无声的课堂氛围，为学生提供广泛地参与机会、谱就张弛有致的教学节奏等方式来实现。它需要教师具备卓越的个人魅力、平等的教育理念和高超的教学技能等条件。

四、帮助学生建立良好的行为标准

良好的课堂秩序，要靠师生共同的努力才能建立起来。有时学生课堂上的行为不符合学校或社会对他们的要求。这时就需要教师在课堂上给他们讲清道理，同时用规章制度来约束他们，使他们形成自觉的纪律，养成良好的习惯，以实现自我管理。

五、创造良好的课堂气氛

课堂气氛是整个班级在课堂情绪和情感状态的表现，只有积极的课堂气氛才符合学生求知欲的心理特点。师生之间、同学之间的关系融洽和谐，才能促进学生的学习和思维及身心的发展。

从教育的角度来看，良好的课堂气氛，是一种具有感染性的催人向上的教育情境，使学生受到感化和熏陶，产生感情上的共鸣。

从教学的角度来看，生动活泼的课堂气氛，会使学生的大脑皮层处于兴奋状态，易于全身心地投入学习，更好地接受知识。并且能够使所学知识掌握牢固，记忆长久。

第二节　课堂教学组织的类型

课堂教学组织从其基本特征出发，可归纳为十个行为方面。即行为的作用、方法、活动、题目、认知过程、参加人、时间、陈述、教学辅助和规则确定。在实际课堂运用中，每个行为方面又有各自的基本构成要素。根据目前教学的需要，作为教师在课堂上组织的基本行为有以下几个方面。

一、管理性组织

管理性组织的目的是进行课堂纪律的管理。其作用是使教学能在一种有秩序的环境中进行。课堂是学习的场所，学生是学习的主体。一个良好课堂的典型标志是有好的学习气氛、和谐的人际关系，学生在课堂上能生动活泼地参与各种课堂活动，而这些目的的达成，需要有恰当的纪律作为保障。教师在具体的课堂教学过程中，确立合适的课堂纪律就成为必要。因此，教师在进行课堂教学管理组织的时候，既要不断地启发诱导，又要不断地纠正某些学生的不良行为，以保证课堂教学的顺利进行。

（一）课堂秩序的管理

在课堂上有时会出现迟到、看课外书、做其他功课、交头接耳、玩手机等不专心学习的行为。出现这种情况的原因是多方面的，如教师课前准备不足，讲课缺乏系统致使学生学习不专心；考试成绩不理想，心情不佳而不能专心学习；社会的不良影响或对所专业认识不够，使学生对学习不感兴趣等。

要解决这些问题，教师首先必须从关心、爱护学生出发，了解他们的问题，倾听他们的心声，和他们交朋友，然后对症下药提出要求，用恰当的课堂纪律来约束他们。只有这样，学生才能听教师的指导。

怎么才能处理一般课堂秩序问题呢？教师可用暗示的方法。例如，用目光暗示，或在暗示的同时配合语言提示："个别同学刚才恐怕没听见我说的话吧""我的话是不是每个人都听到了呢？我有点怀疑"。在这种暗示还起不到作用的时候，教师还可边讲边走向不专心的学生，停留在他的身旁，或轻轻拍拍他的肩膀。以非语言行为暗示或提示，不影响其他学生的学习。

（二）个别学生问题的管理

无论课堂规则定得多么切合实际，教师多么苦口婆心地诱导教育，也难免有个别学生会出现一些问题。但是，我们应该认识到，个别学生的不良行为，一般是出于好奇或不正常的心理表现，而不是道德观念上的产物。教师应当创造一种互信、自然、亲切的气氛，在没有暴力、厌恶的情况下，对他们施加教育影响。一般情况下，教师可使用以下三种方法：

（1）做出适当的安排，使他们从不良的行为中得到奖赏，从而自行停止不良行为。这种方法是当个别学生出现不良行为时，只要不影响大局，不会对周围的学生造成大的干扰，就不予理睬。在可能的情况下，可安排其他学生进行一些活动来抵消干扰。例如，引导学生观看挂图、标本、模型等，或讲述一个实例，通过幽默的语言活跃一下课堂气氛，来吸引学生的注意。

（2）抑制不良行为，推荐替换行为。教师对一些课堂的不良行为，为学生提供一种合乎需要的替换行为，这种行为会给他带来一定的奖赏。例如，有的学生在课堂讨论时，出现吵闹或自己玩，不参与讨论，教师可指定他专门思考一个讨论问题，在小组讨论时发言。如果在小组发言好时，可对全班讲，并给予一定的表扬。

（3）教育与惩罚相结合。对个别学生的惩罚不是目的，而是一种教育的手段。在惩罚前，帮助学生明辨事理，就可能产生好的效果。例如，有学生在课堂上玩手机，或手机铃声影响课堂秩序，教师可以先把手机没收，并且对他讲明上课不能带手机或手机要关机，这是规定，而且也会影响其他同学的学习和教师的讲课情绪。这样学生就会接受惩罚而没有怨言。

二、指导性组织

这种行为是教师对某些具体教学活动所进行的组织，以指导学生的学习和课程的方向为目的。

（一）对阅读、观察、实验等的指导组织

阅读、观察、实验是学生进行学习的方法。如何使学生迅速地投入到这种学习，并掌握这种学习的方法，需要教师在课堂上不断地进行指导性组织。

阅读是培养学生能力的一个重要方面。在学生没有掌握阅读方法之前，教师利用提出问题的方式加以指导，使学生学会读、提高阅读的能力。例如，教师在讲解果树生命周期时，先提出来问题，什么是果树的"生命周期"？果树的生命周期包括哪些过程？让学生根据提出的问题进行重点阅读。

观察是持久的注意，是带着观察的目的对对象的各方面进行研究。一般地看一看不等于观察。在准备让学生观察时，首先要给学生明确为什么要观察？观察什么？如何观察？然后才让学生观察。通常采用提问的方式，让学生通过观察去解决问题。例如，在指导学生对《细胞吸收水分的实验》的观察，目的是让学生了解在细胞周围溶液浓度的不同时，细胞会产生吸水和放水的现象。观察的重点是实验中所加入溶液多少的变化，被试物（萝卜、土豆）软硬的变化。观察中思考的问题是为什么会产生这些现象？说明了什么？只有这样指导

组织，学生才能通过观察进行高效地学习。

（二）课堂讨论的指导组织

课堂讨论是一种有计划、有组织、学生积极参与的独特的教学方式，对于培养学生的创造思维能力或创新能力，具有很好地促进作用。当课题富有争论性或思维容量大具有多种答案时，运用讨论方法是最适合的。

讨论的特点是每个人都有机会参与学习活动，促使他们积极思考问题，真正成为学习的主体。讨论前让学生充分了解、准备讨论题，在讨论中，要求每个学生都要认真地思考问题并给予反应。通过彼此启发，相互补充，对问题做出结论或概括。这样，学生就成为知识的主动追求者，而不是被动接受知识的容器。讨论的方式，可根据讨论的目的、班级的大小和学生的能力，采用多种形式，主要有以下几种：

1. 全班讨论 这种形式中，教师作为讨论的领导者。他提出问题后，发动学生相互交流，自己作为其中一员参加讨论。因此，这种方式能保证交流或争论顺利向着预期的目标前进。而讨论的成败，在很大程度上取决于教师的启发、引导的能力。其缺点是不能使每个人都有发言的机会。

2. 小组讨论 这种形式把全班分成几个讨论小组，每个组有主持人和记录员。讨论时，教师要一个组一个组地去听取发言，并给予必要地指导和引导。这种类型的讨论，必须定时间，才能使学生把精力放在主要问题上，不在枝节上浪费时间。小组讨论后，每个小组都要把讨论情况进行概括总结，并向全班进行汇报。

3. 专题讨论 这种形式是选几名学生组成一个专题小组，每人对所选讨论题从不同方面做发言准备，然后在全班发表自己的观点。其他同学要边听边记下每个人的发言要点，准备发表支持或不同的意见。发言结束后，教师引导全班进行讨论，对选题做出明确的结论。

4. 辩论式讨论 这种方式是将对某一个问题持相反意见的学生分成两组，在有准备的情况下，让他们发表自己的观点，阐述理由批驳对方的观点。采取这种方式时，辩论的题目必须有突出的含义，包括辩论的成分、主持人在开始时要有简短的引言、结束时要进行总结。总结时要充分肯定辩论的成绩，指出不足之处，对于结果有时可做结论。

对于讨论指导的要求，首先论题要具有两个以上的方面，不具有简单、现成的答案。要达到这一点，教师必须对论题进行深入地揣摩。其次论题要能够引起学生的兴趣，来源于他们所熟悉的但又不十分明了的问题。再次，为了使讨论能顺利进行，要给学生适当的时间事先准备。在讨论中要善于点拨和诱导，使所有学生参与讨论。要制定讨论规则，以防止乱吵或把争论变成个人冲突。

三、诱导性组织

诱导性组织是在教学过程中，教师用充满感情、亲切、热情的语言引导、鼓励学生参与教学过程，用生动有趣、富有启发性的语言引导学生积极思维，从而使学生顺利完成学习任务。

（一）亲切热情鼓励这种组织方式，既适用于好学生，更适用于成绩较差或不善于表达思想的学生。例如，教师在让学生回答问题时，后两类学生一般都比较紧张，这时教师应用亲切柔和的语调告诉他们："不要慌，胆子大些，错了没关系"。当学生回答不准确，或词不达意时，教师应首先肯定他们的优点及正确的回答，然后鼓励说："我知道你心里明白，就是语言还没组织好"。接着给予适当的提示，使他们能较好地表达自己的思想。对于不能回答问题的学生，要比较委婉地进行处理。比如说："如果你再仔细考虑一下，我想你能回答这个问题的，请坐下再考虑一下"。经过这样不断地鼓励和引导，他们肯定会参与到教学过程中来。当他们正确回答了问题时，教师应该用高兴的语气给予表扬，鼓励他们续续进步。

（二）设疑点拨激发学生产生疑问，引起学习的欲望，是调动学习积极性、深入思考问题的一种好办法。首先，教师要善于提出问题，特别是要求学生掌握的内容而学生的理解又比较肤浅时，要激发学生产生疑问。当学生要求解决矛盾的积极性被调动起来后，紧接着是使学生学会思考，学会运用相关理论，运用科学的思维方法以求得矛盾的解决。

教师除了通过提问激发学生学习的积极性之外，还要启发诱导掌握科学的思维方法。例如，种子中含有水分的实验的结论，是以小麦种子加热后在试管壁上出现水珠而证明的。如何使学生从个别的实验结果，推导出一般性的结论——种子中含有水分呢？当实验出现结果时，教师可提出以下的问题：

教师：在实验中你观察到了什么现象？

学生：试管壁上出现了水珠。

教师：水是从哪里来的？

学生：是小麦种子受热后散发出来的。

教师：这说明了什么？

学生：说明了种子里边含有水分。

教师：我们是以什么材料进行实验的？

学生：小麦种子。

教师：用小麦种子做实验的结果说明了什么呢？

学生：说明小麦种子里含有水分。

教师：对啦，这个实验只能说明小麦种子里含有水分。其他种子里是否含有水分，还要通过实验来证明。科学家通过大量的实验，证明了种子里都含有水分，才得出了"水分是组成种子的一种成分"。

在这样课堂教学组织中，教师不是生硬地灌输知识，也没有代替学生的思考，把结论灌输给学生，而是积极启发诱导，使学生沿着一定的思维路线，通过自己的实践，如观察、思考、分析等，科学正确地得出结论。

第三节 课堂教学组织的原则

根据学生的特点及课堂教学任务的要求，教师要搞好课堂教学组织，充分发挥课堂教学组织技能在引起学生注意、建立和谐课堂气氛、培养学生良好道德品质等方面的作用，应遵循以下几个原则：

一、明确目的，教书育人

教书育人是课堂教学组织的重要任务。通过课堂教学组织的作用，使学生明确学习目的、热爱科学知识、形成良好的行为习惯等个性品质。无论什么学科的教学，都渗透着大量的德育因素，在传授学科知识时对学生进行学习目的等思想教育，最有吸引力和说服力。同时，在教学中教师严谨的治学态度、精湛的教学艺术、高度的责任感，对于学生都有言传身教潜移默化的作用。这些不仅会影响到学生的学习态度，而且还会影响到他们人生的发展。

二、了解学生，尊重学生

每个学生都有自己兴趣、爱好和个性特点。在课堂上，教师只有了解学生才能根据每个学生的不同特点，用不同的方法进行教育和管理，即实施创新教育中的个性化教育。如对于不善于控制自己的学生，要多督促与指导，帮助他们学会管理自己；对于思想有情绪的学生，要采取提醒、鼓励的方法。在对学生进行管理时，要尊重他们的人格，坚持正面教育，以表扬为主，激发积极因素，克服消极因素，提倡"赏识教育"。

三、重视集体，形成风气

集体的舆论是公正的、有威力的，良好的课堂风气一旦形成，可使学生在集体中得到熏陶和教育。集体的精神世界和个性的精神世界是相互影响的。每个人从集体中汲取有益的东西，从集体中得到关心和帮助，在集体的推动下不断发展。每个人的丰富多彩的精神世界，又使得集体生动活泼，显示出无限的生机。

四、灵活应变，因势利导

教育机智是指教师对学生活动的敏感性，以及能对学生所发生在意外情况快速地做出反应，及时采取恰当措施。其主要体现在机敏的应变能力上，能因势利导，把不利于课堂的学生行为引导到有益于学习或集体活动方面来，恰到好处地处理个别学生问题，或根据实际情况，灵活运用多种教育形式和方法，有针对性地对学生进行教育。

五、不焦不躁，沉着冷静

遇事不急不躁是教师的一种心理品质。它是以对学生的热爱、尊重与理解及高度的责任感为基础的。只有这样，教师才能公正地对待每个学生，尊重和维护学生的自尊心，耐心地引导他们进行学习。也只有这样，才能在遇到意外情况时，沉着冷静，不为一时的感情所冲动。处理问题时，随时意识到自己对社会、对学生所承担的责任，考虑自己的行为后果。从教育的根本利益和目标出发，处理好所面临的各种复杂问题。

4

第四章 中职园艺专业课堂
教学的基本技能

　　课堂教学是学校整个教学工作的主要环节，也可以理解为中心环节，也是最基本的教学活动。作为教师，为了完成教学任务，实现教学目标，将知识传授给学生，必须重视课堂教学环节。第三章我们学习了教学工作计划的制定，它是对课堂教学的构思和规划；合理科学的计划是做好各项工作的基本保证和前提。要求上好课，优先备好课，而备好课则体现在备好教案方面，教案是上好课的基本必备条件之一。但是，要把自己的工作方案落实好，除了选择恰当的教学方法和创造必要的其他教学条件以外，还要把课堂教学中各要素的关系协调好，特别是注重与学生沟通、互动，调动学生的积极主动性，发挥好学生的主体作用，起到教师应有的组织、引导、启发作用。而要做到这一点，就要掌握课堂教学的基本技能和技巧，只有这样才能将教学工作计划落在实处，较好地完成教学任务。我们说教师的基本职责是传授知识，掌握知识很重要，掌握传授知识的方法则更为重要。为此，我们就需要研究、学习和掌握。

　　课堂教学是一个完整的教学过程，整个过程由若干环节组成，其中主要有3个环节，即导入、讲授新课、结课。每个环节都有其特点和要注意的问题，对不同的环节应用的技能不同，一般包括两大方面，十大技能：

　　第一方面：导入新课；反馈强化技能；组织教学技能；结束技能。

　　第二方面：教学语言技能；教学演示技能；提问技能；讲解概念技能；板书技能；教态变化技能。其中主要的技能（或基本技能）有导入、板书、提问、语言、教态、结课。

第一节　导入技能

　　导入是教师在新的教学内容、教学活动开始时，引导学生进入学习状态的一种行为方式，是课堂教学活动中常用的基本教学技能之一。往往导入都是有其目的性的，是为了把学生引导到一个特定的学习方向上来，故又称之为定向导入。导入在课堂教学中有很重要的作用及意义。

一、导入的作用及意义

导入包括以下几个方面的作用：

（1）集中学生的注意力，起到组织教学的作用。

（2）引起学生的好奇和兴趣，帮助学生正确学习的目的。

（3）激发学生内在的求知欲望，让学生知道学习的重要性和价值，为什么学，学以致用，增强学习的动机。

（4）启迪学生的思维，培养学生的思维能力，具有一定的启发性，有利于培养学生动脑思考的能力。

（5）有利于增强学生的记忆，帮助学生把前后知识联贯起来，掌握学习的方法，把握知识的系统性和整体性。

总之，导入是为学生学习新内容创设的一个良好的开端，对于调动学生学习的积极主动性、发挥学生的主体作用有着重要的作用。起到对学生学习的认识问题，即"为什么要学"，让学生明白学习的道理及学习的重要性。

导入是进入课堂教学过程的第一个环节，虽然只占整个课时计划的少量时间（3～5分钟），但设计好导入内容是讲好课的首要环节，是讲课成功的重要前提。因为开好头，既有助于教师树立自信心，也有助于学生做好学习新内容的思考和心理准备。

二、导入应注意的问题

导入在整个课堂教学中是一个很重要的环节，它直接影响学生学习的情绪和效果。在运用导入技能时要注意以下问题。

（一）针对性

所谓针对性主要包括两方面：

1. 针对教学内容设计导入语言，也就是要紧扣教学内容，对导入的方法要求具体简洁，尽可能用少量的语言针对上节课的内容进行概括性地总结，并引入对新学内容的联系，简要说明学习新内容的重要性及目的要求，把学生引入新的课题，起到定向导入的作用。即不要偏离讲课的主题，更不能误导。

2. 针对学生的特点，即要针对学生的实际，理解和接受能力设计导入的语言，选择导入的方法，考虑如何才能引起学生的重视和兴趣，也要考虑因材施教的问题。

（二）启发性

在设计导入语言和确定导入方法时，应想方设法引导学生去思考，启发学生思维，激发学生求知的欲望，注意采取设问、举例、讲述及联系实际等多种形式，诱发学习新知识的兴趣，产生新奇感，从而调动学习的积极主动性（注意设问，用升调，把新的学习内容作为问题提出）。

(三) 趣味性

设计导入，要做到引人入胜，巧设悬念，使学生感到很有趣味，从而引起注意力的集中，思想上的重视，使学生产生求知的欲望和动机，使教与学互动，为完成教学任务奠定思想认识基础。

(四) 关联性

导入语言的设计，应起到承上启下的作用，使学生了解教学内容的内在联系性，学会用联系的观点和方法去学习，从而达到以旧拓新、温故知新的教学效果。有联系地去掌握和巩固知识，也就是要重视培养学生的学习方法。

总之，导入是新课的开始，为了更好地发挥导入的作用，要从上述四个方面全面考虑，设计好导入语言和方式。在课堂活动中，每一节课，甚至每一个新的内容开始前都要注意应用导入，视为"过渡"。它是必不可少的一个重要环节，同时要注意精心设计，使创设的情境、导入的语言要富有吸引力、感染力、趣味性、启发性，还要注意科学性和思想教育性。另外，在设计导入及应用时，要注意把握时间，不能占时过多。只要起到应有的作用，尽可能精炼就行。导入时一般不应板书，多采用以讲解为主的方式。

三、导入的方法

导入的方法多种多样，归纳起来，在园艺专业教学中常采用的方法主要有以下几种：

(一) 以复习的方式导入

从已知的知识导入新的知识，引导学生在自由的基础上去发现新的问题，是园艺专业教学中最常用的导入方法。几乎所有的教学内容都可以采取这种方式，是一种通式。

我们知道园艺专业的知识有着很强的内在联系性和逻辑推理性。新知识都是在已知知识的基础上发展的。例如，要想学习好园艺植物栽培学，则必须要掌握植物生理生化、土壤、肥料等知识；而要掌握植物生理生化知识，就又必须学好有机化学知识。因此，作为教师，我们应该注意重讲新知识之前，首先组织引导学生概括性地复习已知的、有联系的知识，并从已知的知识引入将要学习的新知识，并强调新旧知识之间的联系，这样不但有助于巩固知识、加强知识间的联系，更重要的是有助于培养学生用联系的观点去学习的方法。通常的学习体会，一是在理解的情况下去记忆，二是有联系的去记忆。

（二）利用直观演示的方法导入

尽管生物学的内容都是客观存在的，是可见的，但是由于受各种客观条件的限制，课堂教学中不一定都能直观地看得见，这样就使得本来直观形象的内容就难以理解。特别是对一些微观抽象的教学内容，更加难以理解。例如，化学中同分异构物的空间主题结构的差异，细胞内细胞器的结构等用语言很难表述清楚，表述不清，不能理解，就难以引起兴趣，就会使学生感到乏味，最终导致厌学。对诸如此类的内容，通过采用客观的教学手段，可使抽象内容具体化、感性化、直观化、形象化。通过视觉感知的内容更易引起学生的重视。可感知的内容也更感兴趣，印象也就更深，记得更牢。因此，采用直观演示的方式导入更有助于吸引学生的注意力，起到诱发学生学习兴趣的作用。

（三）用实验演示的方法导入

通过巧妙地设计一些与新内容有关的小实验，说明让学生观察的现象，然后提出实验中的一些问题，引导学生去归纳总结，引出本节课的新课题。例如，光合放氧现象，这种方式更生动形象，比直观演示更形象，更能引起学生的学习兴趣和好奇。还有助于启发学生思考，激发学生的思维活动，也有助于教学双方的互动和沟通。

（四）从生产实践或生活实践的问题导入

生产和生活实践中有很多现象，人们往往能够感觉得到，但是，却没能够引起足够的重视，或者不理解，或者知其然而不知其所以然。把这样的一些生产和生活现象作为问题提出，总结分析并加以引深、提升，就能引起大家的重视。例如，"樱桃好吃，树难栽"，为什么？樱桃是百果之中最早熟的种类之一，深受人们的喜爱，其难说明技术性强，为了让大家都能吃上好吃的樱桃，我们应该知难而上，掌握其栽培技术。

（五）以提出事物矛盾的方式导入

事物的矛盾性是普遍存在的，生物科学知识也同样存在着矛盾。例如，在讲授嫁接原理时，为了引起大家对学习嫁接原理的重视，可设计提出嫁接育苗综合了实生与无性繁殖的优点，应用非常地广泛。那么是否可以随意将两个无关的材料结合在一起呢？为什么桃、李、杏、梅可相互嫁接成活，而桃与苹果嫁接为什么不能成活呢？通过这样提出矛盾，巧设悬念，然后引出"嫁接成活的原理"的新课题，便能引起学生的注意力。

（六）以讲故事的方式导入

通过设计与教学内容有关的古今中外的趣事轶闻入手，也能起到有效地吸引学生的注意力，调动学生学习的积极主动性。在讲授生物防治技术或生态平衡重要性时，引用这段典故（《果树史话》一书中，讲述了 18 世纪英国国王与麻雀手分樱桃果实的趣闻，可引起注意力。

（七）从审题入手，以提纲挈领的方法导入

课题是一节课的"窗口"和内容的高度概括，从分析题目入手，顾名思义，更直接了当，清晰简明，有助于学生抓住主题和突出中心。

（八）以逻辑推理的方式导入

通过对已有知识的判断，经过思维综合分析，引出新的判断过程的推理，既可以对过去进行判断，也能对未来进行预测。例如，在讲授遗传物质 DNA 时，教材是通过介绍实验过程来讲述的。如果我们采用逻辑推理的方式进行导入，则更能引起注意。我们可以这样导入："我们大家知道，遗传和变异是生命的基本特征之一。由于生命是物质的，那么遗传和变异也必然有它内在的物质基础，而这些与遗传变异密切相互的物质，应具备哪些特点呢？首先，这种物质应该具有相对稳定性，否则就不可能把亲代的性状传给子代；其次，这种物质必须能够自我复制；第三，这些物质能够产生可遗传的变异；第四，这些物质在前后代之间能够保持一定的连续性。然而，细胞内究竟是什么样的物质才具备这方面的特点呢？经过科学家不断地探索，最后终于搞清楚这种物质主要是 DNA。那么，它们是怎样通过实验证明的呢？这就是我们今天所要学习的新内容。"

上面共讲述了导入的 8 种方式、方法，不同导入的运用是有条件的，主要依据教学内容而定，当然也是结合教学对象、教学环境的不同而变。即使是同一内容，相同的条件，不同的教师采用的方法也有区别。在实际运用中，我们应学会概括具体情况，灵活选择恰当的方法。

附　导入技能的评价标准

评价内容	评价标准（权重）
1. 目的明确，方向性强	20%
2. 与新知识联系的紧密性程度	20%
3. 自然导入新课题	15%
4. 引起学生兴趣，集中注意力	15%
5. 感情充沛，语言清晰	15%
6. 面向全体	15%

第二节　板书技能

在课堂教学活动中，教师主要靠语言讲授向学生传授知识信息，不但要求让学生听得懂，还要让学生记得住。为了让主要内容使学生记得住，除了注意发挥语言的功能外，还应把主要的内容让学生直观看得见。通过视觉去感知和记忆。那么怎么样才能达到这样的效果呢？这就是在课堂教学活动中常用的另一种技能——板书技能。

所谓的板书技能，即是教师利用板面，以简练的文字语言或图表形式向学生传递知识信息的一种教学行为方式。也可以简单地理解为，用简练的文字或图表，在板面上将讲课的主要内容记载下来，展示给学生，让学生直观地感知讲课的主要内容，对讲授的内容有整体、完整、系统地把握，也更有助于学生的记忆。所以，板书是课堂教学中必不可少的一种行为。它既是教师应具备的基本素质之一，也是教师必须掌握的一项基本的教学技能。因此，对我们大家来说了解和掌握板书的技能是很重要的。

一、板书的作用（重要性）

概括地讲，板书主要是以通过学生的视觉获得知识信息，它是课堂上最简易、最常用的利用视觉交流信息的形式之一，是一种较为直观的教学行为，是一种行之有效的传播知识的方式。据有关资料统计，通过视觉获取的信息占70％以上，不但多，而且印象深。俗话说："百闻不如一见"。具体地讲，该项技能可起到以下几个方面的作用：

（一）是课堂教学活动的重要组成部分

板书是必不可少的，少了就显得单调，是传递教学信息的有效手段，是主要的教学内容的书面表达。虽然说随着教学手段的改善，其形式不可改变，如采用幻灯、投影仪、多媒体等电化教学手段，但不能缺少板书。因此，在备课写教案时，应注意设计好板书。

（二）具有加强语言表达的作用

板书与语言讲授是相辅相成的，板书可以弥补语言表达的不足，有助于增强语言的表达功效。在表达问题上，它更准确、更清晰、更容易被学生直观地接受，帮助学生正确地记忆。因此，要求更慎重。举例：我们汉语语言比较丰富，同音字比较多，有时通过语言不好分辨。例如，"放风""放蜂"，读音是一样的，但在课堂教学中表达的意思是完全不同的。

（三）直观性

有助于学生的感知，可加深学生对讲授内容的理解和记忆。

（四）概括性

板书内容是对教学内容的提炼，具有高度的概括性，有助于学生把握教学的主要内容、重点内容及教学内容的系统性、完整性。

（五）突出教学的重点、难点、关键点

在设计板书时，主要是针对重点、难点、关键点的内容而设计。对重要的内容还可以采用划线或用符号强调，以提示引起学生的重视，以利于激发学生的兴趣，启迪学生的思考。

（六）激发学生的兴趣，启迪学生思考

形式优美、设计独特的板书能引起学生的兴趣，加深印象，有助于调动学生的积极主动性，发挥好学生的主体作用。人们把精心设计的板书称为形式优美、重点突出、高度概括的一部微型教科书。

（七）起到缓冲讲课节奏的作用

给学生留下思考的时间，有助于学生对所讲内容的及时消化和理解。

（八）层次、条理性

教师通过对教材内容的整理，将教学内容分层次，按一定的标号、标题序列，可实现教学内容分层次、条理性，有助于学生记忆。

（九）起到教态变化的作用

教态变化是课堂教学中教师必不可少的一种行为。但是要因情因需而变，不能随意地变动。其中必需的板书是引起教态变化的主要方面。

以上所述，说的是板书的作用，实际上也可理解为对板书的要求。在设计板书时，应注意如何才能达到所起的作用，从思想上重视对板书技能的应用。

二、板书的类型（方式）

板书的类型多种多样，从不同的角度，可分为不同的方式，从语言的运用分为提纲式、词语式；从表现形式分为文字式、表格式、图表式；从内容上分为线索式、单列式；从结构上分为总结式、对比式、分列式、板图式、图示式。

下面介绍几种在生物学科教学中常用的几种形式：

（一）提纲式

将讲课的主要、重点内容，按一定的排序，以简要文字提纲挈领的形式编排的板书计划。这种方式最常用，对所有的板书内容都适用。但应注意，首先标号的层次要规范；其次标题要尽可能精简，避免不必要的重复。

（二）词语式

在设计板书计划时，通过几个内在关联的关键词，将板书的内容编排出来。例如，讲解概念时，全部板出费时较多，效率较低，只板书出关键词，通过关键词，让学生理解概念的内含和把握实质。例如，果树是生产、果实、材料、多年生植物、总称。

再如，物候期是季节性气候、果树器官、相结合、动态发育时期、生物气候学时期。这种方式有助于培养学生的思维能力，加深对讲述内容的理解，同时还可以提高课堂有限时间的利用率。

（三）表格式

将主要教学内容设计成表格的形式，边讲边把主要内容或关键词填入。也可以先把内容分类，有目的的按一定位置板出，最后归纳总结时再形成表格。还可以先列成空表，引导学生思考共同完成表中的内容。这种板书形式适合可以明显分项的内容、比较的内容。例如，植物分类里的被子植物、裸子植物。例如，光合作用与呼吸作用异同点的比较等。

（四）线索式

以需要板书的主要内容或关键词为线索，将其按照一定的顺序板出，然后用线索连接起来。这种形式适合于周期性的循环、内在联系性强、有一定顺序的教学内容。例如，生命周期、年周期、工艺流程、生产过程等。

（五）图示式

将板出的主要内容采用符号、简图等形式组成某种文字图形式表现出来。这种形式更生动直观，引起学生的注意力，加深印象，增强记忆。也可与线索式结合起来。

（六）总结式（括弧式）

将板书的内容分层次设计。这种形式适合于先体叙述后分述或先整体叙述再分布叙述的教学内容。适合于级次、层次性明显的内容，有主从关系。即：

$$
\text{双子叶结构}\begin{cases}\text{种皮}\\ \text{子叶}\\ \text{胚}\begin{cases}\text{胚芽}\\ \text{胚轴}\\ \text{胚根}\end{cases}\end{cases}
$$

这种形式主从关系分明，条理清楚，便于学生记忆。

（七）板图式

将主要的教学内容，以形象的线条图开头，再辅以必要的文字说明的一种板书形式。这种形式更形象化，有时用语言不好表达，如苹果果实的构造简图。在具体应用时，应注意：

1. 形象。起到良好的示范效果。

2. 简图。复杂的图费时过多。

3. 备课时多练习，并规范地画在教案上。

上面讲了七种板书形式，在具体应用时，根据教学内容，选择适当形式。可以以一种形式为主，其他形式为辅，灵活应用。另外注意，在不同的环节变换形式，有新鲜感，加深印象。

三、技能与要求

（一）布局合理，有计划性

对板书的位置（形式）进行合理的规划。写在哪儿？怎样写？不是随意的，而是有计划性的。整个版面中，主版块、章节的一级标题应设在中间或右侧，占整个板面的 1/2 或 1/3，以内容多少而定。辅助板块安排在左侧或两侧。要求以主板块为主，合理利用副板块，副板也应做到有计划性。在教案中，注意副板的内容。在备课时，要求重视对板面的设计，这样才能保证课堂板书的合理性，落实计划性。

（二）层次分明，有条理性

具体应体现在以下几个方面：

1. 标号层次 按照章、节、一、（一）、1、（1）、① 顺序进行。

2. 位置层次 要体现主从关系，强调一致、美观。

3. 字体大小层次 要求层次清晰，条理清楚，有序，主从关系分明，以便学生记忆。

（三）用词准确，标题精简

1. 选词严谨，用词恰当，避免不必要的重复。对有些拿不准的，需核实。板式提纲详略要恰当，重点要实际，以减少不必要的费时。板书文字比口头语言要求严，影响力更大。但是，也不能过简，以免引起歧义。例如，"马哲理，毛概"等。

2. 对辅助板书的内容，要做好规划，做好标记。

（四）书写规范

要求让学生看得清楚，为此，应注意以下几点：

1. 字体工整，不能潦草。

2. 尽可能不用简字，特别是不应写错字。

3. 字体大小适当。

4. 书写位置适当。

5. 书写速度适当。

6. 书写姿势得体。

7. 书写工整。

8. 书写笔画顺序规范。

（五）标号标题的保留

章节及一、二级标题，对副板的内容也应适当地保留，以便于总结，展示给学生完整的内容。

（六）板讲结合，先板后讲，或先讲后写，或边讲边写。根据不同情况恰当选用。要注意通过恰当的姿势吸引学生的注意力。

（七）多种板书形式相结合，做到灵活多样，防止单一，以吸引学生注意，有助于记忆。

附　板书技能的评价标准

评价内容	评价标准（权重）
1. 文图准确，有科学性	20%
2. 重点突出，有计划性	20%
3. 层次分明，有条理性	15%
4. 书写规范，有示范性	15%
5. 布局合理，有艺术性	15%
6. 形式多样，有启发性	15%

作业：要求每个人准备一节课的板书计划。

第三节　提问技能

在课堂教学活动中，教师要想法设法让学生掌握知识，不但发挥好自己的主导作用，还要及时注意了解和掌握学生的学习情况，注意察言观色。与学生互动，注意调动学生的积极主动性，发挥学生的主题作用，以便有针对性地把握和调控教学过程。了解学生学习情况的方式途径有多种，除了考试、课外作业等形式，还应特别注意课堂活动中及时反馈学生的学习信息，想法调动学生的思维活动，发挥学生的主体作用。教学相长的教师要注意与学生的沟通交流，知己知彼。怎样沟通呢？俗话说得好，我问你说，面带微笑，可你不说，我就不知道。也就是说，要了解学生，要让学生开口说话，才能更好地了解学生的学习情况，解决这一问题，就是要掌握提问。

一、提问的概念及重要性

所谓提问是指在课堂教学活动中，师生用语言互动交流教学信息的一种行为方式，是实现教学信息反馈常用方式之一，是师生相互作用的基础，是启发学生思维的有效手段和方法。因此，在教学中具有重要的意义和作用。通过提问，师生相互作用，可起到多方面的作用：

1. 检查和促进学习。
2. 启发学生思维，养成动脑思考问题的习惯，三思而后行。
3. 促进巩固知识。
4. 促进知识的运用和教学目标的实现。

提问不仅仅是为了得到正确的回答，更重要的是为了启迪学生思考，开发学生的智力，了解教学，促进自学，锻炼和培养学生运用知识解决实际问题的能力，也就是说，提问有其正确的导向性和目的性、针对性。因此，对于教师来说，应当从思想上明确提问的目的和作用，认识到它在课堂活动中的重要性，进而掌握提问的技能。

二、提问的原则

提问在教学活动中有重要作用，而且掌握该项技能还有相当的难度。首先要明确提问的原则。提问原则，即对提问的基本要求，归纳起来要遵循五项原则：

（一）重点突出，难易适度

1. 抓主题，在众多丰富的教学内容中必有其知识的关键点，只有抓住了关键点（重点、难点、疑点），抓住了纲，才能突出重点，有所突破。因此，提问应该抓住关键点，而要做到突出关键点就要求认真地分析教材，找准关键点，把握好信息的反馈，以此设疑问。提问必须有明确的目的，问题应有思考。切忌不分重点，随意提问。

2. 所谓的难易适度，即有一定的难度。通过让学生思考分析推理，才能做出正确的判断、回答。要防止下列两种倾向：

（1）过于简单，一问一答学生不加思索就能回答正确，则起不到启发思考和动脑分析的作用。

（2）难度过大，超出学生的智力和知识范围，百思不得其解。大多数学生都答不上来，又会使学生失去信心，影响思考和作答的积极性。因此，要做到难易适度，关键在于了解学生和积累经验。

（二）面向全体，以点带面

在准备提问时，应环视全体学生。其目的是为了让所有学生都动脑思考，让所有的学生都做好回答问题的思考准备。当然，在选择回答的对象时，可以因情况而定。一般有这样几种情况：

1. 让全体一起回答，同时注意个别学生的反应。

2. 让个别学生回答。

3. 只问不让作答（起启发思考的作用），但更多的是让个别学生回答，自愿和点名回答。点名回答，要有代表性，要了解学生，做到心中有数，要注意察言观色。另外，在个别回答时，还要注意引导启发其他同学同步思考，做好补充回答的准备。让学生感到不只是提问个别学生，还有轮到自己的可能，从而达到一个人作答，全体响应的效果，即一点带面的作用。此外，教师还要有计划地让所有学生轮流回答，注意培养全体学生的应答能力。

（三）启发诱导，发展智力

设计的提问问题应富有启发性，使学生养成动脑思考的习惯，有助于培养发展学生的智力。为此，既要注意发挥学生的主体作用，还要注意把握自己的主导作用。教师在提问中，要善于启发诱导，开启学生思维的闸门，调动学生积极思考，养成动脑思考的良好习惯。

（四）联系实际，区别对待

提问主要是对已学过知识的检查，也可启发学生对未知问题的思考，引出新课题。为此，一是应联系生产生活实际，设计提问的问题，对学生感知的实际问题进行提问，更有助于学生的理解，引起学生的注意和兴趣。二是联系对象的实际，根据学生个性的差异，加以特别对待。为此，要全面了解学生，以确定提出的问题和作答的对象，起到鼓励启迪、促进提问的作用和效果。

（五）正确评价，适当鼓励

提问结束后，作为教师要对学生的回答及时给予恰当的评价。

1. 要注意肯定，以鼓励为主，保护参与作答的积极性。

2. 指出回答问题时存在的问题，纠正错误，评价时用词语气很重要，不应用批评的语调，更不能用挖苦的语调，否则会挫伤学习的积极性。

三、提问的类型

在教学活动中，需要学生掌握的知识很多，有的知识需要一般了解，有的需要记忆，有的需要理解，有的需要综合分析。因此，提问的问题，也可以分成很多类型。根据提出问题的复杂程度及要求学生作答程度，可将提问的类型分为两大类。

（一）检查知识

这类提问属于检查已学过的知识，只有一个正确的答案。要求学生根据所学的知识作答，不需要更深入地分析思考，判断不太复杂，回答相对容易，只是简单的分析是正确的还是错误的，也称为低级知识提问。根据要求的不同，又分为：

1. 回忆提问 要求回答是与否的提问，或称二择一的问题，学生在回答这类问题时不需要进行深刻地思考，只需对教师提出的问题总是回答"是"或"不是"，"对"或"不对"即可。根据概率统计的理论，它允许学生有 50％的猜测，假如学生善于发现教师非语言提示的话，答对的机会更大。例如，典型的二选一的问题：细胞是构成生物结构和功能的基本单位吗？学生回答："是"。但又可以有一些变化，检查学生是否掌握了有关问题的概论，例如，生物的生长是不是主要由于细胞的分裂使细胞的个数增多和细胞长大这两个方面？学生回答："是"。也可以问："生物的生长主要是由于细胞的长大吗？"学生回答："不是"。回答这类问题，一般多是集体应答，不容易发现个别学生掌握的情况。

简单的回忆提问，限制学生独立思考，没有他们表达自己思想的机会，不利于创新，因而教师在课堂上不应过多地把提问局限在这一等级上。有些课堂上看上去好像很活跃，师生之间好像交流很多，但细分析学生除了回答"是"或"不是"外，很少有其他经过高级思维的回答，这是不可取的。但这并不意味着这类问题不能使用，只是应有所节制。一般用在课的开始，或对某一问题的论证初期，使学生回忆所学过的概念或事实等。为学习新的知识提供材料。

2. 理解提问 根据要求学生理解程度的不同，理解提问或分为三种类型：

用自己的话对事实、事件等进行描述，以便了解学生对问题是否理解。例如，你能叙述光合作用的过程吗？你能说说毛根吸水的过程吗？

用自己的话讲述中心思想，以便了解学生是否抓住了问题的实质。例如，你能说出根的主要结构特征吗？

对事实、事件进行对比，区别其本质的不同，达到更深理解。例如，通过光合作用、呼吸作用的比较，你能说明二者的联系吗？等等。

一般来说，理解提问用来检查最近课堂上新学到的知识与技能理解掌握的情况。多用于某个概念或原理讲解之后，或课程的结束。学生回答这些问题，必须对已学过的知识进行回忆、解释或重新组合，因而是较高级的提问。

3. 应用提问 应用提问是建立在一个简单的问题情境，让学生运用新获得的知识和回忆过去所学知识来解决新的问题，许多概念教学常用这类提问。或者运用原理来说明一种现象。例如，用根毛吸水的原理来说明盐碱地为什么不利于植物的生长。

在教学中，应用提问还常被用在让学生正确分辨事实或事物的形态与结构等的不同各类。例如，家庭作业：请观察生活的周围，除了苹果、梨、桃外，还有哪些木本植物？这是让学生运用知识自己解决问题。

（二）创造知识

需要学生在已有知识的基础上，通过动脑思考、分析、综合，才能得出正确判断的问题。有一定的难度，要求一定的独创性，需要自我发挥，这类提问有称为高级知识提问。这类问题如下：

1. 分析性问题　分析提问是要求学生识别条件与原因，或者找出条件之间、原因与结果之间的关系。因为所有的高级认知提问不具有现成的答案，所以学生仅靠阅读课本或记住教师所提供的材料是无法回答的。这就要求学生能组织自己的思想，寻找根据，进行解释或鉴别，进行高级的思维活动。对分析问题进行回答，对于年龄较小的学生是比较困难的，他们的回答经常是简短的、不完整的。因此，不能指望他们在没有帮助的情况下来达到提问的要求。教师除鼓励学生回答外，还必须不断地给予提示和探询，学生回答后，教师要针对回答问题进行分析和总结，以使学生获得对问题的清晰表述。这类提问主要有以下 3 种类型：

（1）分析事物的构成要素。

（2）分析事物之间的关系。

（3）原理分析。

2. 综合性问题　这类问题的作用是激发学生的想像力和创造力，通过对综合提问的回答，学生需要在脑海中迅速地检索与问题有关的知识，对这些知识进行分析综合得出崭新的结论，有利于学生思维的培养。根据对学生回答的不同要求，综合提问分为以下两种类型：

（1）要求学生有预见性地回答问题　例如，森林对人类有什么意义？破坏森林会造成什么后果？这就要求分析树木的光合作用能给人类提供氧气，保持大气中氧和二氧化碳的平衡；根对封水土的作用；森林与人类生活的关系，提供木材，防止风沙等，从而预见到破坏森林可能给人类带来的恶果。

（2）要求学生敏捷地表达自己的思想或印象　例如，在学习了"我国珍贵的植物资源"后，向学生提出，我国为什么有"裸子植物故乡"的称号？这时学生就要考虑世界上有多少种裸子植物，而我国有多少种，我国又有多少种活化石植物等，从而综合得出我国是"裸子植物故乡"的结论。

这种类型的问题能够刺激学生创造性地进行思维，适合作为笔头作业和课堂讨论教学。但在开始时学生的思维水平可能比较低，句子的组织结构、语言的表达等都存在着一定的问题，但经过逐步训练后，学生便能较好地完成。

综合提问的表达形式一般如下：

根据……你能想出问题的解决方法吗？

为了……我们应该……？

如果……会出现什么情况？

假如……会产生什么后果？

四、提问过程的构成

首先，由教师提出问题，引起学生的最初反应，即做好作答的思索和心理准备；其次通过相应的对话，引导事先希望得到的回答；最后对学生的回答给予分析评价，这个过程称为提问技能的过程。依据上述概念，提问过程包括 4 个阶段：

(一) 引入阶段

教师用不同的语言或方式来表示将要提问，提醒大家注意做好回答问题的思想准备，如"复习上节内容，上节课我们共讲述了 3 个问题，请大家回顾一下；再如，请大家思考一个这样的问题……""我们大家是否注意这种现象……"。

(二) 陈述阶段

具体表达提问的问题，要求用简练清晰的语言提问方式。例如，"你们还记得我们已尝过的……知识吗？""请利用……原理来说明……"。

(三) 介入阶段

在学生对提出的问题表示疑惑，不能作答，或回答不时，教师可以介入，了解原因，做必要的引导或提示，帮助学生思考作答。主要考虑以下 5 个方面：

1. **重复** 在学生没听清题意时，原样重复所提问题。

2. **重述** 在学生对题意不理解时，用不同词句重述问题。

3. **核查** 核对查问学生是否明白问题的意思。

4. **启发** 引导。

5. **提示** 提示问题的重点或答案的结构。

(四) 评价阶段

当学生回答问题后，教师针对学生的回答，给予恰当的评价。肯定回答正确的内容，纠正错误的内容，并对回答问题的学生给予鼓励。

除把握好提问过程的调控外，为了更好地提高该项技能的应用效果，更好地把握提问技巧，下面让我们共同探讨提问应注意的问题。

五、应注意的问题

主要注意以下几个方面的问题。

（一）明确的目的性

有目的性设问提问，明确提问的作用，做到有计划性。注意提问的效果，为实现教学目的而提问。

（二）问题恰当

所谓的恰当就是符合学生的实际，要考虑学生的平常水平及个体差异，设计不同水平和难易程度的问题，是多数学生能积极踊跃参与作答，以更好地发挥学生的主体作用。

（三）启发思考性

提出的问题应有利于培养学生养成动脑分析的习惯，提高学生分析问题的能力。

（四）针对性

即针对教学的主要内容：重点、难点、疑点。

（五）联系性

培养学生用联系的观点去学习，用已知的知识去判断，以利于培养学生创新精神和能力。

（六）把握提问时机

依据教学的进程，学生的表情思考进度 开始提问、中间提问、总结提问。

（七）注意提问的语气和态度

用平缓和蔼的语气与学生共同思考。为了让学生掌握知识的正确态度来提问，让学生以轻松愉快的心情积极参与思考和作答。

（八）语言得当，问题清晰

即提问要准确，表达清楚，让学生明白提问的意图，以便针对性的思考和作答，否则会引起学生误解，错答，答非所问，答不出，答不全。

（九）提问

提问后不应随意解释和重复，以免用词不当，引起学生误解。

（十）掌握好适当的停顿和语速

给学生一定的思考时间，做好回答的准备。语速适当放慢。

（十一）注意启发引导

对学生不理解或答不出、答不全的问题，教师不要轻易代替学生回答，自问自答，应尽可能让学生自己回答，让其他学生补充完善，利于培养学生独立思考和解决问题的能力。

（十二）预见性

在备课，设计提问的过程中应注意设想，预计学生可能作答的情况，以便做好解答、应对的准备。

总之，提问技能具有很重要的作用，同时这项技能既有较强的灵活性、不可预见性和复杂性，又有一定的难度。我们要重视这项技能，并在实践中去掌握它。在实践课堂教学中不只教师要问，而且要让学生敢于提问，做学问，需学问，只学答，非学问。注意培养学生提问的勇气和习惯。

附　提问技能的评价标准

评价内容	评价标准（权重）
1. 目的明确	12%
2. 启发性	10%
3. 问题设计包括多种水平	12%
4. 把握提问时机	10%
5. 问题表达清晰，语言简洁	8%
6. 适度停顿，给予思考时间	8%
7. 提问恰当	12%
8. 提问面广，照顾不同学生	8%
9. 正确分析评价	12%
10. 鼓励学生参与回答作答	8%

第四节　课堂教学语言技能

语言是人类社会活动中最常用的交际工具。人们利用语言交流思想、传递信息、表达感情，得于相互了解交流和沟通，协调共同的活动。鉴于语言的重要性，我们可否这样的理解？没有语言就无法进行正常的交流。

教学活动也是一种特殊的交流形式。在教学活动中运用的方法和技能很多，但语言是运用最多最古老的形式之一。媒体发展（语言媒体、文字媒体、印刷媒体、电子媒体）是传递教学信息的重要方式。作为教师，必须掌握好教学语言技巧。

所谓的教学语言技能，即是教师用正确的语意、语义，运用合乎语法结构、语言逻辑习惯的口头语言，传达教学信息的一种行为方式。

教学语言是传递教学信息的重要载体，是完成教学任务的主要媒体（是一种最早、最原始的信息媒体）工具之一，这种行为方式应用得最多。教师的语言技能，是影响学生学习的重要因素，对引导学生学习，启发学生思考，实现教学目标等方面都起着至关重要的作用。教学语言是衡量适合做教师与否的基本条件之一，也是首要条件。如果说前面讲的三个技能是反映水平高低的技能，而语言技能则是称职不称职的问题。所以对我们师范生来说，必须过语言关，掌握好课堂教学语言的运用技巧。教师的一言一行，都对学生有着潜移默化的作用，对学生有着重要的影响，我们要注意发挥好语言的作用，培养好我们的下一代。

教学语言是语言在教育教学领域或教学活动中的具体运用，它除了应具备一般语言的共性外，还有特殊的要求，有其自身的特征。教学语言的基本特征，主要表现在以下几个方面：

（一）教育性

教师的主要任务是教育，培养符合社会进步发展所需要的合格人才，完成教学任务是教师的基本职责。教师的一言一行都对学生有着潜移默化的作用和重要影响。作为教师既要通过语言完成传授知识的基本任务，同时还要注意发挥语言的教育作用，用健康文明向上的语言教育影响学生，使学生养成良好的文明素养和良好的职业道德，也就是说，既要用语言教书，更要用语态育人。语言的教育性主要表现在两个方面：

1. 为人师表，具有高尚的道德品质，人们形象地把教师职业比作"塑造人类灵魂的工程师"　古今中外的教育家都有这样一个共识，教师只有具备高尚的品德，才能更好地教育培养自己的学生。中国古代教育家孔子曰："其身正，不令而行；其身不正，虽令不从"。作为教师"名正言顺"才能更好地教育自己的学生，俗话说，"严师出高徒"。作为教师应注意自己的语言素养，在与学生接触的各种场合，都要注意自己的语言素养，发挥好语言的教育作用，树立好自己的形象，让学生从心里感到可亲可敬可交，拉近心理距离。这样才能更好地交流，更好地完成传授知识的任务。

2. 语言的辩证性，防止绝对化　运用的语言应符合辩证唯物主义原理，让学生养成辩证认识看问题的好习惯，学会一分为二地看问题，用矛盾的观点联系相对的观点看问题，用发展变化的眼光看问题，防止语言的绝对化。

在我们园艺专业知识中，很多问题都是相对的，必须在学会分析判断的基础上灵活的运用。例如，葡萄短截、桃树短截、春秋梢的利用、病虫害的控制、消灭病害、灭绝害虫、温度三级点等，这些内容中的要求都是相对的。

（二）专业性

教学活动可以分为两大类，基础文化教育和专业教育（或称为定向教育）。在专业教育中，教学活动又是分学科进行的，各学科在其长期的发展过程中，都形成了具有学科特色的、相对固定的概念或语言表述形式，即专业术语。因此，在不同学科的教学中，为了做到语言的规范及交流的需要，在语言表述的同时，要严格规范地使用专业术语。也就是说，要说行话。

例如，葡萄的冬芽、枣树的主芽、葡萄的长中短梢修剪、当年生枝、一年生枝、二年生枝、多年生枝、自花授粉、结果系数、抽条、环割（环切）症状、病状、病斑，这些词语都是园艺植物栽培技术中的专业术语。

（三）科学性

也可理解为语言的规范性，用词准确、搭配合理、组句符合语法规则、表达和语言习惯。主要应注意以下两个方面：

1. 用词准确、搭配合理，符合语法要求和语言习惯，用词丰富 如交流：思想—交流、信息—传递、感情—表达。提高：产量—提高；品质—增进、改善；效益—增长。

2. 比喻形象、恰当 在课堂教学中，运用修辞的手法，如形容、比喻、拟人化等，更改形象，有助于加深印象和理解，增强记忆。但是，形象的比喻用词必须恰当，否则会引起误解，如石榴的两种花，"筒状花"和"钟状花"。

（四）简明性

语言的简明性要求，一是由教育教学的特殊性所引起的，简明的语言更有助于学生的理解和记忆，否则会造成认知上的困难，或不利于突出重点。二是特定的环境和表达方式所决定的，简明的语言，可使在有限的时间内传递更多的信息量，提高课堂授课的效率。为此，教师在备课、写教案时，尽可能化繁为简，否则就会变得啰嗦、重复、浪费时间。但是，还应处理好简明性与科学性的关系。过分的化简会引起内容内涵的变化、岐意，影响语言的科学性。

例如，马哲理、马政经、毛概。教学语言的化简还应考虑学生的理解能力。

（五）启发性

主要是指教学语言对学生能起到调动学习积极主动性、启发思考等方面的作用。启发性的语言主要用于：

1. 启发学生对学习目的及重要的认识 明确了目的，就有利于产生兴趣和动机，就能调动学生学习的积极主动性。解决好学习的目的性、思考认识问题的积极性。

2. 启发学生动脑思考、分析、比较、综合运用知识 如何归纳总结，从特殊到一般的总结，从个性到共性的总结，要学会举一反三，即是在学习过程中掌握知识方法的启示。

3. 启发学生的情感，形成正确的观念，养成良好的职业道德习惯 即是对育人、做人问题的启示。启发学生思维的方法很多。如联系实际、生动语言表达、应用直观的教学手段、创设环境等。

（六）可接受性

教学语态的设计运用的目标，就是为了更有成效的传授知识信息，最终为学生所接受。为此，要从以下两个方面考虑：

1. 考虑学生的实际，注意选用学生易接受的语态　另外，课堂教学语态还应与学生的思维、心理联系起来，注意在教学过程中，观察学生的言情和状态，随时选择其他词语解释。

2. 注意语态的表现形式　如语意的高低轻重、语速的快慢、语调的升降、适当的停顿等。另外，还与其他教学技能的配合运用。例如，板书、体态变化等。

附　课堂教学语言评价内容及标准

评价内容	评价标准（权重）
1. 语言流畅，节奏适当	10％
2. 正确使用本学科名词术语	15％
3. 选词造句通俗易懂	10％
4. 逻辑严密，条理清楚	13％
5. 感情充沛、有趣味性、启发性	10％
6. 讲普通话、语意正确	10％
7. 语调抑扬顿挫、舒缓适当	8％
8. 运用短句，防止语句冗长	8％
9. 简明扼要，避免不必要的重复	10％
10. 没有口语和多余的语气助词	8％

第五节　教态变化的技能

语言是课堂教学活动过程中传递教学信息、交流思想感情、实现教学目标的最基本、最主要、最常用的教学行为方式。所以，语言是传递信息的重要载体，但它并非是唯一的载体。为了完成教学任务，更好地让学生接受信息，仅靠讲和听是不够的，传递教学信息，是通过语言行为、非语言行为等一系列综合行为才能更好地实现。在课堂教学活动中，学生直观看到最多的、印象最深的、把听和看结合起来需要一种载体，这就是教师的肢体变化。肢体语言也是传递教学信息必不可少的行为方式，而教态变化是师生互动的主要因素，对实现教学目标有着十分重要的作用。

一、教态变化的概念及重要性

在课堂教学活动中，教师面部表情、眼神的变化，点头或用手示意，用身体方向或姿势的变化等一系列可见的综合行为方式，称之为非语言行为方式或肢体语言。

在课堂教学活动中，可见的内容有很多，如板书内容、直观的教具（挂图、投影、标本、实物）等，让学生看到最多的是教师及其体态的变化。而且教师的体态变化是动态的，更生动形象，更能引起学生的注意，作为教师来说，应该综合运用多种技能，优势互补，才能更好地传递信息。比如，在课堂上，学生的看应是在教师的引导下，有目的的看，教师的引导则起着很重要的作用。学生记住随意的看，没有目的的看，不按教师指导的看，不注重的时候看，都是注意力分散的表现，极不利于教学信息的传递。因此，教师通过非语言的行为，正确地引导学生的学习是很重要的。目前，在实际教学过程中，有的教师坐着讲课，不注意肢体语言的交流，严重影响了教学效果。如果老师上课坐着讲课，这种形式可取的话，我们通过选择一些适合的光盘或优秀的课件，利用电教控制中心直接播放就可以节省很多教师资源和经费开支。

教态变化的作用不仅仅是给学生留下客观深刻的印象，更重要的是可以起到吸引注意、活跃气氛、诱发兴趣、引起互动等方面的作用，不但可以起到增强语言表达的作用，还可起到有声语言所不能代替的作用。"虽是无声胜有声""一切尽在不言中"。

在课堂教学过程中，板书、教具、实物演示等方法，客观，印象深，重心可见；语言表达，听得清，理解，明白，好记忆。而这两者之间必须有机地结合起来，这个结合点，就是肢体语言。据美国的心理学家，艾帕尔梅拉列斯研究发现通过非语言行为的引导，把两者结合起来，才能记得牢，巩固。艾帕尔梅拉列斯通过研究得出结果：

接受信息的效果公式：信息总效果＝7％文字＋38％音调＋55％面部表情

由此可见，作为教师，在课堂教学活动中，不但要发挥好语言的作用，即言传，更要重视发挥好体态变化的作用，即身教，并把言传身教有机地结合起来，才能更好地传递信息。

因此，作为教师，要注意掌握好教态变化的技能，在课堂教学中，注意把握好体态变化，通过适当的体态变化，发挥引导的作用，以达到师生之间密切配合，把传授知识（信息）与接受知识紧密结合起来，这样才能提高教学的效果。

二、体态变化的类型

体态语言从不同的角度，可分成多种类型，既有整体的，也有局部的，还有各局部相互配合的。主要包括：眼神、面部表情、手势举止和距离位置等方面。根据动与静，有声与无声，可以分为三大类：

（一）动态无声交流

指身体整体或局部无声可见的动作行为。又可分为：用身体的方向、姿态——体语；面部表情——脸语；用眼传神——眼语；用头示意——头语；用手势表示——手语

（二）静态无声交流

指人际交流时，距离、位置等因素的变化，人与人之间互动时的空间距离（位置变化）也是人们交流时的一种行为方式，是影响感情活动的一个重要因素。俗话说："要找准自己的位置"。

在教学活动中，教师可以根据需要及距离对交流的影响，选择或调整自己与学生之间的距离，如走近或远离，变换自己在教室内的位置，以达到组织、管理教学的目的。

（三）有声交流

指通过音色、语调、语气的变化，以及使用不同的语气助词，以传达信息、表达实意的交流行为方式。可以起到表达感情、影响情绪的作用。例如，"啊""嗯""哼""呢"，再如"你是好学生"应用不同的语调、语气表达的含义不一样。尽管这些发声无实意，但是在特定的情境下，具有类似"实意词语"的作用，甚至可以起到加深实意词语的作用。

对以上三种非语言的体态教学行为，在具体运用时，应注意综合运用，并注意与语言表达配合好。

为了更好地掌握运用肢体语言（选择恰当的类型），发挥应有的作用，把握好肢体语言的使用原则在课堂教学中更重要。

三、运用非语言行为的原则

（一）自觉领会，最佳搭配的原则

非语言行为在课堂上，是一种无声，极具微妙的师生感情沟通、联系的工具，作为教师必需深刻地认识、领会肢体语言在教学中的作用，认真对待，高度重视；注意体会语言行为的适度把握，理解学生非语言行为的含义，使师生之间达成对非语言行为的共识，注意运用肢体语言与学生沟通，以便更好地用肢体语言交流。

所谓的最佳搭配，一是注意在讲解时，肢体语言要与口头语言密切配合，选择与口头语言适合的肢体语言；二是不同肢体语言同时使用时，也要合理搭配，最优选择，把握好各种肢体语言要适度，使之协调一致。为此，要求在课堂教学过程中用心体会，并在实践中锻炼，不断提高肢体语言的运用效果。

（二）了解对象，最佳协调的原则

在教学中运用的肢体语言行为，必须是学生能理解、领会、可接受的行为。为此，作为教师，应重视了解学生、理解学生，既要根据不同的教学对象选择学生能理解的肢体语言，又要理解学生非语言行为的含义，以便更好地与学生沟通、协调和交流。

另外，要求教师在运用肢体语言时，要注意与教学内容、课堂状态、学生的表情变化等情况协调一致。也就是说，要"因情而用"，并注意与情境、状态协调一致，以求达到最佳的协调状态，这样才能收到更理想的使用效果。

（三）把握适度，最佳控制的原则

也就是要求教师在运用肢体语言时，要把握好"度"。对不同情况，不仅在使用肢体语言的种类上应有的选择，而且在使用的程度上也应控制"适度"。之所以这样要求，主要因为不同的肢体语言表达的含义不同；同一种肢体语言，不同程度表达的意思也有别，甚至是相反的。

因此，要求教师能恰到好处、恰如其分地选择使用，把握好适度，控制在最佳状态。一般而言，在使用肢体语言时，一是要防止同一时刻运用得过多过频，造成手舞足蹈；二是要防止用同一种非语言行为在不同时间段中过多的重复使用，这样显得单调乏味；三是防止不该用的时候乱用、滥用。

在遵循上述原则的前提下，在课堂教学上具体运用时，还应掌握好运用的技巧。

四、肢体语言技巧

（一）心神合一，富有表情

要使肢体语言真正起到无声地传情达意的效果，教师必须做到心领神会，情绪饱满，心神合一，富有表情，通过肢体语言吸引学生的注意力。

在教学活动中，由于不同信号的刺激，教师会产生喜、怒、哀、乐等不同的情绪，这些情绪又通过不同的非语言行为表现出来，产生各种各样的行为变化。如眼睛时而有神，时而暗淡，时而斜视；面部表情时而面带微笑，时而表情严肃，时而扬眉，时而又皱眉等。学生通过教师的肢体语言变化，可领悟、察觉教师的感情变化，从中受到一定的启发、启示，集中注意力。

教学活动实践证明：凡是有经验的老师都很重视运用表情的变化启迪，引导学生，感染学生，吸引学生的注意，调动学生思考。如提问问题后轻轻地皱眉，以示让大家静心思考；当学生回答问题时，轻轻点头，以示赞同、鼓励；当学生答完问题时，将手轻轻下压，以示让学生坐下，表示尊重和爱护。

总之，肢体语言行为的正确运用必须建立在心神合一、情绪饱满、富有表情的基础上，才能更好地发挥应有的作用。

（二）姿势优雅，风度得体

教师在讲课时的姿势和风度，直接影响着学生的学习兴趣、情绪以及教师在学生心目中的形象，从而间接影响到教学效果。好的形象受到学生的尊重，才能被学生接受，从心里感到亲切，学生才能注意听讲，否则看着就不顺眼，心里烦，没法接受和交流。

讲解：所谓的姿势是由头、眼、手、身等各种肢体动作组合而成，即身体各器官的综合表现。总之，自然、大方、得体、端庄的仪表，目光正视，面向全体，站有站像，走动适当，表情丰富，协调一致。切忌以下行为：

1. 无精打采，懒懒散散，歪歪斜斜，站没站像，像没睡醒一样。

2. 来回走动，走动过频或是形如雕塑，一动不动。

3. 不敢正视学生，或只看少数学生（一个方向），如看着窗户讲，对着黑板讲，或是盯着讲稿细言细语地讲。

4. 两臂伸直，双手按在讲桌上，或是在讲台上手舞足蹈。

5. 手势过多过碎，动作过大，摇头晃脑，前俯后仰。

6. 边讲边抠鼻子，抓耳挠腮，或是翻书时手在口中沾唾沫。这些行为都是不可取的，有矢教师的形象。虽然有些是不自觉的，但是注意克服。

（三）面部表情丰富，和谐亲切

俗话说：在与人交际的时候，要注意"察颜观色"，也就是说，干什么事都要学会"有眼神"。在课堂教学活动中，教师学会善于用面孔说话、传情，并努力做到，端庄中见微笑，严肃中显温柔，拉近师生心里的距离，让学生感到亲切，以便教学双方更好地配合，创造一种融洽和谐的气势，造成学生积极的情绪和愉快、轻松的心境，以便学生主动配合，更好地接收信息。

当然要注意表情的变化是自然流露，而不是勉强造作。另外，面部表情的微妙变化还要恰如其分。如随着教学内容而起伏变化，因课堂的情况而变化，运用恰到好处。

（四）用眼传神，富于变化

俗话说："眼睛是心灵的窗户""眼睛是人身上的焦点"，是人们交流信息、表达感情的重要工具。心理学研究认为，眼睛可以表达无声的语言，眼神里含有丰富的词汇，甚至比有声的语言更富有感染力。眼语在教学中的神奇功能表现在：

1. 是沟通师生心灵的窗户。

2. 是建立和维持师生关系的纽带。

3. 是课堂管理的重要手段。

4. 是交谈调节的重要工具。

在课堂上，师生之间的各种思想、感情都可以通过眼神来表达传递，既可以用来表示表扬、赞许、默认，也可以表示否认或用来批评，还可以用来启迪和提示。据研究发现，用眼注视时间的长短及位置的不同，表达的意思不同。

（1）注视时间占 2/3 以上，有两种意思：

①吸引注意，感兴趣（瞳孔放大）。

②表示怀疑，带有挑战性，不信任（瞳孔缩小）。

（2）位置

①上三角位：显得严肃、郑若其事。

②下三角位：显得亲切，随意。

总之，眼神的功能如此之多，作用如此之大，故要求我们在教学活动中正确地使用，要学会用眼神的变化表达内在的思想、情感，要善于用眼神传递和交流信息。同时，还要注意理解学生的眼神变化的含义，善于运用学生眼神的变化交谈信息，把握过程，调节状态。

（五）运用手势的技巧

手势是指用手和胳膊来传情达意的一种体态语言。手是会说话的工具，用手传情达意可视为手语。手势可代替语言，手势可以完善语言，手势可配合加深语言。从心理学的角度讲，手势是引起注意的更有效手段。在有些社会活动中，手势比有声语言更重要，例如，体育比赛中，裁判的手势；指挥交通中警的手势；聋哑人用手交流。生活中手势含义也很丰富，例如，广东人在倒茶时，手势变化可以知道家庭情况。手势的运用也可以反映一个人的综合素质。手势以其不同的含义，可分为：情感手势、指示手势、形象手势三种类型。在课堂教学中，正确地运用手势，要注意以下几个方面：

1. 有目的性的应用，吸引注意力，强调重点内容。

2. 应用适时、适度、适量。适时是该用时用，适度是指应用的范围和程度，适量指把握好使用的频率。

3. 手势标准，大家共识。

4. 手势与其他方法的配合。

5. 不要把不良的手势习惯带到课堂上。

在教学活动中，对手势运用的总体要求是自然、舒展、大方、准确、形象。但是在具体运用时，手势语言没有严格固定的使用模式，不好事先设计，也不能机械地模仿、照搬，只能在教师的感情支配下，根据课堂的情景、氛围，自然而然地引发出来，这样才算应用得当。

（六）运用头势的技巧

头势也有类似手势的功能和作用，可以表达肯定、默许、赞扬、鼓励、同意、否定、批评等多种意思，配合语言使用，还可以起到加强语言的作用。

头势的变化与手势相比，相对较为单调，如点头、摇头、抬头、低头、仰头、歪头等，除了姿势不同含义差别外，也有表示程度的差别。在课堂教学活动中，要注意运用头势的变化，传情达意，还要注意头势与其他肢体语言的配合。

总之，肢体语言在教学活动中具有独特和微妙的作用，我们应该注意把握好使用的原则和技巧，通过实践掌握肢体语言的运用技巧，注意多种肢体语言的互相配合，要力求做到"恰当准确，自然得体，整体配合协调一致"。

附 教态变化技能评价标准

评价内容	评价标准（权重）
1. 态度和蔼，创造和谐课堂气氛	12％
2. 站立姿势端正，自然优美大方	10％
3. 注意适当走动，快慢合适，停顿得当	8％
4. 以手势助说话，没有多余动作	10％
5. 声调节奏变化，增强语言情感	10％
6. 注意眼神交流，面向全体学生	12％
7. 恰当使用媒体，改变信息通道	8％
8. 交换教学形式，课堂生动活泼	12％
9. 适当运用停顿，引起学生注意	10％
10. 注意着装发式，身教言教并重	8％

第六节　结课技能

课堂教学活动，多是以两节课为一个单元，应是一个完整的过程，有始有终，为了及时让学生反馈信息，掌握重点和主要内容。每次课结束时，都应进行必要的总结。

一、概念及其重要性

所谓的结课，是指教师完成一项教学任务或教学活动终了阶段的一种必要的教学行为，是课堂教学的三大环节之一。

作为课堂教学的一个环节应有具体的目的要求，结课环节应是一节课的概括、总结。将该节课的主要内容，应让学生掌握的知识点，让学生明白，做到心中有数。所讲的内容间的联系应让学生清楚，以便学生对所学知识及时巩固记忆，有系统有联系地掌握知识。

二、结课的类型

根据不同的教学内容，以及结课时所采用的方式不同，概括地讲，可将结课分为两种类型：

（一）认知型结课

也称为归纳总结型结课，即对该结课的主要内容，用简练的语言进行概括性总结，让学生掌握该结课的主要内容及内容间的联系，可以起到强化记忆、巩固知识的作用，是常用的结课方式之一。例如，在"果实的结构和各类"一节课的结束时总结："同学们，刚才我们已经学了……现在，拿出你们准备好的各种果实，对照课本内容与挂图，划分一下你拿的果实分别属于哪一类。"这样，不仅使学生情趣盎然地复习课堂上所学的知识，而且把这些知识与实际紧密地结合起来达到巩固的作用。

（二）开放型结课

是完成一项教学任务或一个完整的教学内容之后，在总结的基础上，再根据知识间的内在的联系性及应用性，进一步把所学的知识向前向外延伸扩展，把前后知识有机联系起来的结课形式，也可称为承上启下型或演绎型小结。

上述两种方式，第一种强调的是掌握巩固知识为主，第二种则是强调知识的延伸和联系为主，各有侧重。在具体确定和选用时，主要是根据不同教学内容的性质和要求而定。在备课和写教案时，作为教师要注意设计好结课的形式和内容及时间分配。只有这样，才能根据教学目标做到善始善终，更好地完成教学任务。

三、结课的过程

根据不同的教学内容、目的要求，结课的过程可以分为3~4个阶段。

（一）全面总结阶段

即对整个所讲的内容进行全面总结，概括性地讲述内容间的联系，是学生全面系统地掌握知识。具体地说，一共讲了几个问题、哪几个问题以及问题之间的联系。

（二）强调知识要点

即实际让学生掌握的主要内容，重点内容。具体地说，即其重点是什么。

（三）联系实际

即把所讲的内容与实际应用联系起来，让学生学会实际联系理论，学会运用知识，培养学生理论联系实际、应用知识解决实际问题的能力。建立创新意识，学以致用。

（四）拓展延伸

引伸所学的新课题，让学生用联系的观点去学习和掌握知识，养成预习新课和自我学习的良好习惯，培养学生独立自我学习的意识和能力。

四、结课的要求（注意事项）

备课时，要设计好结课，主要有以下几个方面：

（1）结课时，要注意对所讲的内容进行梳理，并使之条理化，便于学生记忆。

（2）归纳总结紧紧围绕教学目标，突出教学重点。

（3）对概念、定理应强调深化。

（4）总结语言简明扼要，概括性强。

（5）注意留下问题，启发学生思考。

（6）适当拓展延伸，培养学生用联系的观点去学习。

（7）采取灵活的形式，加深对知识理解和记忆。

附　结课技能评价内容及标准

评价内容	评价标准（权重）
1. 结课的目的明确	20％
2. 结课的方式与内容相适应	20％
3. 使学生感到有新的收获	15％
4. 强化学生对内容的兴趣	15％
5. 使学生的知识系统化	15％
6. 检查学习，强化学习，及时反馈，调控	15％

第五章 中职园艺专业学习成绩的考核

学习成绩考核是教学活动过程的重要组成部分和主要环节之一，是评价教学质量、教学效果的客观尺度和手段。通过学习成绩的考核，可起到以下作用：

1. 能够促使学生去复习、巩固所学的知识；帮助学生发现学习中存在的问题和不足，明确努力的方向；培养学生树立正确的学习态度，养成主动学习的良好习惯。

2. 帮助教师了解学生情况，总结教学经验教训，不断改进教学方法，促进教学效果的提高。

3. 可使学校相关管理部门了解教师教学和学生学习的状况，为完善和加强教学管理提供依据。

4. 通过考核，可起到一定的导向作用。例如，明确学生掌握的重点内容，或重视实践性教学。

5. 通过考核，可以发展学生的智力，促进理论联系实际。

总之，通过考核，可以从中发现优秀人才和专门人才，为因材施教、选拔优生提供依据。同时，学生可根据自己的长处，选择能发挥自己特长的工作岗位。成绩考核还可以督促后进，鼓励先进，形成良好的学风和校风。但是，成绩考核作为一种手段，如果运用不当，也会产生消极作用。例如，频繁考试会使学生经常处于紧张状态，不利于德智体全面发展。试题过易或考核不严肃，会使学生懈怠，放松学习或投机取巧。所以，教师必须重视成绩考核，正确地运用这一手段，使其发挥积极作用。

第一节 成绩考核的基本要求

中职园艺专业成绩考核，必须全面地、真实地反映出学生所掌握的知识和技能，最大限度地发挥成绩考核的积极作用，以保证所组织的成绩考核有较高的质量。实现这一目标，必须具备以下基本条件：

一、明确考核目标

考核是为了检查教学、促进教学，考核应围绕培养目标来明确指导思想，端正考核态度。要坚持教学目标、培养目标。既要重视对基础理论知识的考核，又要注重以实践性内容的考核，以培养应用型、创新性人才。

考核是有目的性，要达到目的必须合理确定考核的标准。标准要根据培养目标、课程要求而定，应从考核内容、出题类型、考试形式、答题时间等方面做出具体的规定和要求。

二、内容客观适中，形式灵活多样

考核内容的确定，主要依据教学大纲而定，还要考虑使用教材及课堂讲授内容。另外，还要考虑学生的实际，要把握好考核的内容范围、考核深度。既照顾两极学生，还要考虑中间的大多数学生，防止降低或提高标准。

为了保证考核的质量，达到应有的目的，出题的类型、形式应多种多样。要依据不同课程的性质、内容和要求而定。不应一刀切，千篇一律。例如，园艺专业的专业课要增加实际操作的题型和分析应用类题型。

三、联系的观点

考核学习成绩，既要注意把经常性的平时考核与定期性的阶段性考核有机结合起来，又要注意避免"一次考核定成绩"的做法。定期性考核具有总结、巩固提高的作用，而平时性考核则有及时检查督促的作用。两者密切结合，通俗地说，就是把平时成绩和阶段性成绩构成总成绩。这就是用发展、联系的观点进行综合考核，这样可以提高考核对教学情况反映的真实性和可靠性，能更好地促进教学，调动学生学习的主动性。但要注意，平时考核不能过于频繁，不能搞突然袭击，应有计划性，还要注意考核的形式多样化。

四、严明考核纪律，认真分析成绩，做好总结和反馈

考核纪律要求严明，以保证考核的真实性。要严禁学生在考试过程中有任何违犯考场纪律的作弊行为。教师更不能有考前指重点、划范围、透露题和标准答案，一经发现，应严肃处理。

考核结束后，成绩要进行认真科学地分析，根据考核结果，做好总结，指出下一阶段的努力方向。要鼓励和肯定学生，但也要指出不足和存在的问题。

第二节 考核的各类及方法

中职园艺专业教学中，考核的方式一般有考查和考试两类。凡是教学计划中规定的课程，一般都要进行考试。每学期考试课程大致可设 2～4 门。

一、考查

是属于平时教学中所进行的检查或阶段性对所学知识的检查的一种考核方式，是在各个教学环节中结合教学计划进行的。考查的方法一般有以下几种：

（一）课堂提问

是一种考核常用的方法。一般都在上课开始时提问，新课进行中或结束时也可进行。每次提问，教师都要有目的、有计划地进行，从内容、方法、次数、场合、时间及对象等方面要有详细地安排和组织。提出的问题要具有普遍性、思维性、推理性和启发性，给每个学生有相等的答题机会。中职园艺专业教学中的提问应把课堂上所学的知识和技能与生产中的实际情况结合起来强调理论联系实际。在实习、实验中提问，要注意让学生边操作，边回答问题。

（二）作业练习

包括课内习题作业、实验实习报告、田间调查报告、演示操作、课堂讨论等形式。作业的份量要适当，对作业的内容要仔细选择，可作性强。习题作业，要着眼于培养训练学生的解题能力和技巧，以及对理论知识的综合运用和创造性。实验实习报告和田间调查报告培养学生独立工作的能力及一丝不苟的工作态度。操作演示锻练学生的动手能力和操作技巧。

（三）小测验

一般以某一章节为主，时间控制在 20min 左右。特点是针对性强，了解情况及时，但次数不能太多，以免加重学生的心理负担。

二、考试

一般是在完成一个阶段的教学任务之后进行的，常用的方法有口试、笔试和操作。

（一）口试

口试，即要求应试者口头回答试题。考试前，教师一般要公布数量较多的开考试题，让学生有所准备。然后将开考题目组合成若干份量和难度大致均衡的题签。考试时由教师组成考核小组，让学生随机抽签后准备，答题时间10～20min 不等。口试考试时间长，教师工作量大，一般口试和笔度结合，例如，生产实习、实验操作、生产实际问题的解决等都可以采取此法。

（二）笔试

笔试是一种书面考试，可分为开卷和闭卷两种。若考核学生基础知识和基本技能掌握的程度，一般有闭卷。若考核学生综合运用知识解决实际问题的能力，一般用开卷。闭卷考试的时间一般控制在 100min 左右，开卷考试的时间可稍长一些，给足学生时间去查资料和研讨。开卷有利于学生发挥智力，培养学生的灵活性、创造性和解决实际问题的能力。闭卷考试对知识的巩固增强、提高知识的记忆保持率有利，但容易使学生死记硬背、知识的应用能力差。在中职园艺专业教学中，根据实践性强的特点适当扩大开卷考试的份量。适宜提高学生分析问题，解决问题的能力。

（三）操作

一般用于考核基本技能技巧，要求应试者在有效的时间内演示某个实践环节，教师按其操作质量和演示结果评定成绩。操作的项目有两种，指定项目和自拟项目，操作是一种考核学生在园艺生产实践技能和实验技能的方法。对园艺专业来说，尤其适宜和重要。例如，标本的制作、农药的配制、果树修剪等。

总之，为了达到检查教学的目的，除了注意考核的方式方法外，还要注意各种方法的结合。如考试应有考查的配合，考查也可以用考试的方法进行考核。

第三节　命题的原则

命题的最基本原则是以保证试题质量为准，即试题要合理、科学，保证试题有一定的份量，包括适度的范围和适当的难度，从而使考核具有较高的信度和效度。也就是说，命题要有一定的依据。

（一）依据教学大纲

教学大纲里面已经明确了教学的要求和培养目标，因此命题要根据大纲里要求掌握的知识点和基本技能来出题。

（二）合理确定考核的范围

考核范围的确定要依据教学大纲、教材及课堂讲授内容。但这样太笼统，比较粗，要合理、细致地确定，从以下几方面入手：

1. 确定好各章节的权重，考核内容在各章节的分布情况。

2. 确定好各章节认知目标的权重，即考什么知识内容的问题，根据美国教育家布鲁纳提出的认知目标，分为知识、理解、应用、分析、综合、评价。根据学科内容特点，确定好各目标的权重。在考虑权重时，要考虑高级目标的相对重要性，特别是专业课。根据以上两点，可绘制出考核的范围及认知目标的双项细目表（表 5-1）。

表 5-1　认知目标的双项细目表

权重　目标　内容	知识　理解　应用　分析　综合　评价	合计
第一章		
第二章		
第三章		
第四章		
第五章		
第六章		
合计		100

（三）标准稳定，客观可靠

在命题时，必须以考核目的要求，确定考核标准，而标准应相对稳定，所谓标准稳定，就是以教学大纲为尺度，符合大纲要求，不超出大纲规定的内容，不能随意提高或降低标准。同时，还要考虑实施教学过程中，教与学的实际情况，符合客观要求。

（四）份量适中，难易适度

试题份量的把握，一是依据考核目的，二是根据考核时间长短的要求。试题难易程度的把握，一是根据培养目标的要求，二是根据教学中反馈的信息，三是考虑考核的目的（检查性、选拔性、水平性），四是考虑对象。

（五）试题叙述

试题语言要清楚无误，简明扼要，不要给学生造成文字上的理解障碍。

（六）试题独立

各试题不能相互牵连，不要使一个题的内容和答案影响或暗示另一题的解答。

（七）答案明确

第四节　试卷编制的程序

（一）明确测验目的

认真编写测验双项细目表。

（二）确定试题类型及比例

一般情况下，园艺专业试题类型可分为客观题和主观题，客观题包括选择、填空、判断等；主观题包括名词解释、简答、论述、理解、解释现象、辨析等。客观题占 60%～70%，主观题占 30%～40%。

（三）拟定试题

这是命题的中心环节，也是关键工作，要求做好以下工作：

1. 对本学科知识做全面、深入掌握。

2. 掌握好各类试题的编制要领。

3. 适当多拟题，保证满足正副卷同出。

（四）排列组卷

要求试卷规范，也就是有一定排列组合的规格要求，具体要求如下：

1. 按题型归类。

2. 不同题型的排序。

3. 同一类型中各小题的排序。在排序时，一般要求先易后难，

另外，注意试卷的格式，一般试卷的格式有以下要求：

1. 考生情况（密封线）。

2. 试卷名称。

3. 答题总的要求。

4. 各题判分统计。

5. 每题判分人及得分。

6. 各题的要求及分值分配。

7. 各题的排序及留出答题的位置。

（五）试做

把试卷每一题做一遍，确定试题的份量是否合适，同时也可以检查试题中出现的错误。

（六）制定标准答案或参考答案

促进考评分离，使评卷客观，避免人为的主页因素，保证考核的可信度。

附 试卷的基本格式

试卷编号：

学年 学期期终考试（A）

适用班级：

注意事项：1. 在试卷的标封处填写院（系）、专业、班级、姓名和准考证号。

2. 考试时间共 100min。

题号	一	二	三	四	五	六	合计	合分人签字
分数								
得分								

评卷人	得分

一、名词解释（每小题 2 分，共 10 分）

评卷人	得分

二、填空题（在下列空格内填入正确的内容，每空 1 分，共 30 分）

第五节 试卷评定与成绩分析

一、试卷评定

考试结束后，教师必须对试卷进行认真地批改，对试卷成绩进行客观、公正、准确地评定，以客观地反映考核的结果，为以后的教学改革提供依据。在评定试卷时，作为教师要把握好以下几个方面：

（一）树立正确的指导思想，明确考核目的

考核是为了检查总结，是为了促进教学，是为了提高教学质量，是对学生学习情况和教师教学情况的检查。不能把学生看成对立面，不能有任何的思想顾虑，不能以学生学习成绩考试结果确定学生的好坏，对学生一律平等对待。

（二）严格掌握评分标准

对客观题的特性要求采用标准答案，对主观题要客观评价，采用参考答案，不能送人情分。

（三）批改试卷要符合要求

错误的地方要显示，涂改的地方要签名，批改试卷要细致、认真，合分要准确，最好采用集体流水批改。

二、成绩分析

对学习成绩分析，可以了解学生的学习质量和全班学生的成绩分布状况。

肯定成绩，找出教与学方面存在的普遍性问题，研究提出改进教学工作的措施。

（一）分析成绩的分布类型

为了清楚看出全班成绩的水平，可按表5-2的格式制成学生成绩分数段统计表，然后求出每个成绩分数段的人数占总人数的百分数，求出成绩的分布类型。把每段成绩人数的百分数作为纵坐标，以分数为横坐标，将各坐标点连线，修正成圆滑曲线即得成绩分布曲线。考试成绩的分布类型，可能是正态分布或正偏态分布或负偏态分布。

学生的学业和智力及其差异，一般都是正态分布，教材难度一般主要适应大多数学生，评分如果根据大纲进行，即属于绝对评分。一般也符合正态分布。但并不是说，对任意一次考试，都要正态分布才好，应从考试目的而定。如果选拔优秀生，正偏态最好，使高分数者数量减少，试题难度增大，份量要大；若排出差生，负偏态才合适，试题难度小一些，份量也减少。一般情况下为了检查教学质量，鼓励大多数学生努力上进，趋向于正态较好。

表5-2　＊＊课考试成绩分数统计

班级		全班人数		缺考人数		日期		年		月		日
成绩	100分	90～99	80～89	70～79	60～69	50～59	40～49	49分以下
人数占总人数的%								
备注	最高成绩　　　分 最低成绩　　　分 平均成绩　　　分							

（二）分析通过率、零分率、满分率

通过率是指全部考生通过及格线的百分率；零分率是指全部考生中该题全部答错人数占的百分比；满分率是指全对的百分比。这三个指数只能粗略地反映考题的情况。

（三）成绩质量分析

为了方便直观看出学生掌握园艺专业的基础知识和基本技能，及其运用知识解决实际问题的能力，可以把题分为基本知识类、基本技能类、综合应用能力类、分析判断能力类。分析每一类中的得分情况。如果平均得分为90分以上，为掌握得好；在75～85分之间，为较好；在60～75分之间，掌握得差；60分以下，掌握得较差，对85分以下的掌握程度，以后在教学中要相应地改进教学方法，提高这方面的教学质量。

总之，通过成绩分析，找出存在的问题，提出改进的意见和建议，为下一轮的教学改革提供依据。

6 第六章 中职园艺专业教学法的应用

第一节 案例教学法

一、案例教学法介绍

案例教学法起源于 1920 年，由美国哈佛商学院（Harvard Business School）所倡导，当时是采取一种很独特的案例型式的教学，这些案例都是来自于商业管理的真实情境或事件，透过此种方式，有助于培养和发展学生主动参与课堂讨论，实施之后，颇具绩效。这种案例教学法到了 1980 年以后，才受到师资培育的重视，尤其是 1986 年美国卡内基小组（Carnegie Task Force）提出《准备就绪的国家：21 世纪的教师》（A Nation Prepared：Teachers for the 21st Century）的报告书中，特别推荐案例教学法在师资培育课程的价值，并将其视为一种相当有效的教学模式，而国内教育界开始探究案例教学法，则是 1990 年以后之事。

案例教学法是一种以案例为基础的教学法（Case-Based Teaching），案例本质上是提出一种教育的两难情境，没有特定的解决之道，而教师于教学中扮演着设计者和激励者的角色，鼓励学生积极参与讨论，不像是传统的教学方法，教师是一位很有学问的人，扮演着传授知识者角色。

案例教学法有一个基本的假设前提，即学员能够通过对这些过程的研究与发现来进行学习，在必要的时候回忆出并应用这些知识与技能。案例教学法非常适合于开发分析、综合及评估能力等高级智力技能。这些技能通常是管理者、医生和其他的专业人员所必需的案例，还可使受训者在个人对情况进行分析的基础上，提高承担具有不确定结果风险的能力。为使案例教学更有效，学习环境必须能为受训者提供案例准备及讨论案例分析结果的机会，必须安排受训者面对面地讨论或通过电子通讯设施进行沟通。但是，学习者必须愿意并且能够分析案例，然后进行沟通并坚持自己的立场。这是由于受训者的参与度对案例分析的有效性具有至关重要的影响。

案例教学法对于师资培育革新具有实用价值，尤其在师资培育职前阶段，更可帮助职前教师建立其教学实务知识，惟因这种案例教学，需要事前准备案例教材，以及花费时间较多，都使案例教学法受到一些应用上的限制。然而，处在师资培育愈来愈重视教学方法改善的时代，案例教学法是有其相当大的发展空间（图6-1、图6-2）。

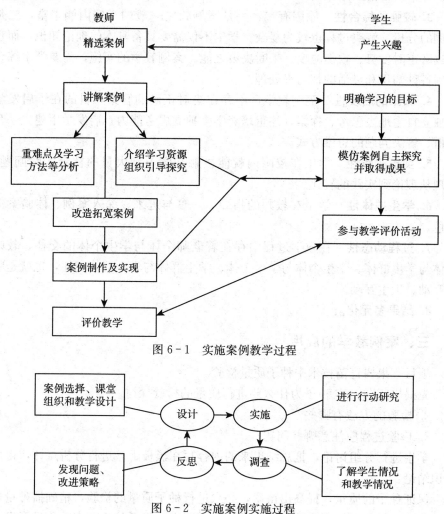

图6-1　实施案例教学过程

图6-2　实施案例实施过程

二、案例教学具备的特点

1. 明确的目的性　通过一个或几个独特而又具有代表性的典型事件，让学生在案例的阅读、思考、分析、讨论中，建立起一套适合自己的完整而又严密的逻辑思维方法和思考问题的方式，以提高学生分析问题、解决问题的能力，进而提高素质。

2. 客观真实性 案例所描述的事件基本上都是真实的，不加入编写者的评论和分析，由案例的真实性决定了案例教学的真实性，学生根据自己所学的知识，得出自己的结论。

3. 较强的综合性 原因有二：一是案例较之一般的举例内涵丰富，二是案例的分析、解决过程也较为复杂。学生不仅需要具备基本的理论知识，而且应具有审时度势、权衡应变、果断决策之能。案例教学的实施，需要学生综合运用各种知识和灵活的技巧来处理。

4. 深刻的启发性 案例教学，不存在绝对正确的答案，目的在于启发学生独立自主地去思考、探索，注重培养学生独立思考能力，启发学生建立一套分析、解决问题的思维方式。

5. 突出实践性 学生在校园内就能接触并学习到大量的社会实际问题，实现从理论到实践的转化。

6. 学生主体性 学生在教师的指导下，参与进来、深入案例、体验案例角色。

7. 过程动态性 在教学过程中存在着老师个体与学生个体的交往，教师个体与学生群体、学生个体与学生个体、学生群体与学生群体交往，也就是师生互动、生生互动。

8. 结果多元化。

三、案例教学的应用

项目：果树育苗技术中种子质量检验

先提出问题：1. 种子为什么要进行质量的检验探讨。

2. 检验的方法有哪些？

3. 检验过程应注意哪些问题？

学生进行分组讨论，把总结出来的内容写在黑板上，进行分析点评，得出知识结论：

保证种子的质量，提高出苗率，必须进行种子质量的检验，精确播种量采用的方法：①种子含水量测定；②种子净度测定；③千粒重测定；④种子发芽力的测定；⑤种子生命力测定。

注意：①种子含水量测定的前提在 $100°\sim105°$ 所消除的水分含量。

②称重样品总重量和分别称重纯净种子、废种子、夹杂物的精确度和容许误差。

③两个重复组平均数小于 5%，如果大于 5% 时重新做两组，如果第二次仍不符合要求，可以将 4 组平均数作为测定结果。

④依据种子细胞选择性染色测定种子生命力强弱，观察 3 种结果的数量来确定，并根据需求选择测定的方法。

第二节　实验教学法

一、实验教学法概念及特点

实验教学法，是指学生在教师的指导下，使用一定的设备和材料，通过控制条件的操作过程，引起实验对象的某些变化，从观察这些现象的变化中获取新知识或验证知识的教学方法。在物理、化学、生物、地理和自然常识等学科的教学中，实验是一种重要的方法。一般实验是在实验室、生物或农业实验园区进行的。有的实验也可以在教室里进行。

实验法是随着近代自然科学的发展兴起的。现代科学技术和实验手段的飞跃发展，使实验法发挥越来越大的作用。通过实验法，可以使学生把一定的直接知识同书本知识联系起来，以获得比较完全的知识，又能够培养他们的独立探索能力、实验操作能力和科学研究兴趣。它是提高自然科学有关学科教学质量不可缺少的条件。

实验法因实验的目的和时间不同，可分为：学习理论知识前打好学习基础的实验、学习理论知识后验证性的实验和巩固知识的实验。因进行实验组织方式的不同，可分为：小组实验和个别独立实验。在现代教学中，为了加强学生能力的培养，更加重视让学生独立地设计和进行实验。

实验法的运用，一般要求：①教师事前做充分准备，进行先行实验，对仪器设备、实验材料要仔细检查，以保证实验的效果和安全。②在学生实验开始前，对实验的目的和要求、依据的原理、仪器设备安装使用的方法、实验的操作过程等，通过讲授或谈话作充分的说明，必要时进行示范，以增强学生实验的自觉性。③小组实验尽可能使每个学生都亲自动手。④在实验进行过程中，教师巡视指导，及时发现和纠正出现的问题，进行科学态度和方法的教育。⑤实验结束后，由师生或由教师进行小结，并由学生写出实验报告。

二、实验教学法案例一：月季硬枝扦插育苗

（一）应用

1. 教学对象　适用于具有一定种植专业基础理论知识的中等职业学校园林、园艺、种植、林学等 2～3 年级的学生。

2. 教学目标　通过本实验教学的实施，使学生充分了解木本花卉扦插育苗的全过程，以及苗圃地扦插育苗设备、工具和扦插育苗圃地管理的相关技能

知识。在扦插育苗实施的过程中，小组同学学会小组同学间如何相互配合、组织和实施扦插育苗的生产管理过程，如制定生产计划、安排生产人员、协调各相关技术部门的关系等，在实验操作过程中，增强团队合作意识。

本实验教学法的重点是扦插苗床的建造、修剪和制作月季插条及具体的扦插方法。

本实验教学法的难点是，如何理解和使用激素处理，提高月季硬枝扦插的成活率。

3. 教学内容（背景知识）

（1）月季扦插育苗的形式

①全光照喷雾扦插育苗　月季全光照喷雾扦插育苗，是指在月季生长旺盛时期（5～8月份），剪取月季当年生开过花的枝条做成插穗，利用珍珠岩、粗砂、蛭石等通气、排水好的基质，按照不同比例要求配置的插床，采用自动间歇喷雾的现代化技术，进行高效率、规模化的月季扦插育苗技术。全光照喷雾设备由输水管道、电脑定时控制仪、加压水泵和喷雾装置组成。其工作原理是，利用高压喷雾装置，将水经高压管线经高压喷头产生 $1\sim15\mu m$ 的水滴，由此而产生的雾滴可以长时间悬浮、漂浮在空气中，使育苗环境处于一个相对高的空气湿度条件下，叶片表面始终保持一层水膜，极大地减低了插条本身的水分丧失，有效地抑制了叶片的水分蒸腾。在阳光的照射下，绿枝插条还可以很好地进行光合作用，制造养分。

②阳畦扦插育苗　是指在北方地区月季的休眠季节（10～11月份），结合月季的冬季修剪，选择修剪下来的1～2年生木质化程度高、枝条饱满且无病虫害的枝条做成插穗，选背风向阳、土质肥沃的地块，根据扦插苗量的多少做成阳畦，按照要求在阳畦内铺设相应的扦插基质，然后进行扦插的方法。

③盆钵扦插育苗　月季盆钵扦插育苗，是采用大花盆、苗浅、木箱等容器，进行月季扦插育苗的一种方法。月季盆钵扦插育苗可以选在生长季节进行，也可以在休眠期进行。其具有占地面积小、扦插方便、形式灵活、成活率高等特点，是生产上少量用苗常用的方法，也是家庭月季爱好者，在月季繁殖过程中常用的方法之一。

（2）月季扦插繁殖的时期　月季扦插繁殖一般可在生长季节5～8月份进行，选用当年生生长充实、叶芽饱满、半木质化的枝条作插穗，进行扦插。此期进行扦插通常称为生长期扦插，也称为嫩枝扦插。也可以在休眠期10～11月份，利用月季冬季修剪，剪下来的成熟枝条作插穗进行扦插，此期进行扦插通常称为休眠期扦插，也称为硬枝扦插。

（3）影响月季扦插生根的外部条件

①温度　月季扦插生根适宜的温度为 20～25℃，如果温度过高，在产生愈伤组织之前，插穗的切口部位容易腐烂；温度过低，切口愈合慢，不利于扦插生根，或者生根缓慢。当休眠期进行月季硬枝扦插的时候，适宜的土温是保证扦插成活的关键。一般当基质温度略高于气温 2～4℃，有利于插条生根。如果气温大大超过土温，插条的腋芽或顶芽在发根之前就会萌发出现假活现象，从而导致回芽而致死亡。因此，应保持土温与气温一致，或者使土温略高于气温 2～4℃。

②湿度　为维持月季插条正常的生命活力，必须保持适宜的土壤湿度。一般扦插基质的含水量以 50％～60％为宜，这样既可以保证插条有充足的水分供应，又可以造成通气的土壤环境，从而保证插条顺利生根。一般在扦插初期，基质含水量较高有利于产生愈伤组织，当愈伤组织生成以后，含水量应逐渐下降，有利于根系的产生；否则，影响生根甚至导致插条腐烂死亡。嫩枝扦插要求空气相对湿度在 85％～90％，使插条的嫩枝和叶片保持鲜嫩，以便继续进行光合作用，制造有机营养供应插条产生愈伤组织促发新根。

③光照　嫩枝扦插既需要一定的光照条件供叶片进行光合作用，又要防止光照过强，使空气湿度降低而造成枝叶凋萎，通常以插条能见到 30％～40％的光照为宜。

④扦插基质　扦插基质应具有良好的通气条件，易于保湿，排水通畅，同时不含有机肥料和其他容易发霉的杂质。常用的基质有粗砂、珍珠岩、蛭石、泥炭等。无论采用哪种材料做基质，都要事先进行消毒，可用开水冲洗、日光曝晒、0.1％高锰酸钾溶液消毒等方法清除杂质和消灭有害细菌。

（4）促进月季插条生根的方法　提高地温 休眠期扦插，常常因为低温不足而造成生根困难，人为提高插条下端生根部位的温度，可以有效地提高扦插生根率。常用的方法有在扦插基质上覆盖塑料薄膜，或在插床底部铺设电热线、有机酿热物等，以提高插床底部的温度。

利用植物激素促进插条生根，是目前月季生产上常用的方法。常用的植物激素有萘乙酸、吲哚乙酸、吲哚丁酸、2,4-D、ABT 生根粉等，常用低浓度浸泡和高浓度速蘸两种处理方法。低浓度浸泡是将药剂先用酒精溶解，然后配制成 100～500mg/kg 浓度的溶液，将插条基部浸泡在溶液中 12～24h。高浓度速蘸也是先将药剂用酒精溶解，尔后配制成 1 000～3 000mg/kg 浓度的溶液，将插条基部在溶液中浸蘸 1～3min。

4. 教学媒体　黑板、教科书、课件、图片、录像、讲授。

5. 工具

（1）天平　万分之一天平一台，十分之一天平若干台（每小组一台）。

（2）扦插基质　粗砂、珍珠岩、蛭石、田园土。

（3）化学药品　吲哚丁酸、吲哚乙酸、萘乙酸、2,4-D、ABT 生根粉 1 号适量。

（4）玻璃器皿　100mL 量筒，200mL 棕色容量瓶，1 000mL 烧杯若干。

（5）用具　剪枝剪。

6. 设备　苗圃地一块 22m 扦插苗床若干（每小组一个）全光照喷雾设备一套。

7. 实施过程　将学生分成若干小组，每组 5～7 人。

（1）教师　设计本实验教学环节，教师要依据教学计划、教学课时数、学生的学习特点、本校教学实习的条件等，综合考虑各方面的因素。对上述介绍的教学实验内容，进行有机地整合，设计出合理的教学实验方案。

下达实验任务，向同学介绍与月季扦插相关的背景知识，如为提高月季扦插育苗的生根率，可以采用一定的激素处理，常用的激素种类、浓度、不同扦插基质对扦插生根也有一定的影响，以及怎样扦插、扦插的方法等，并引导学生达到所要试验的结果。

（2）学生　接受任务查找资料，对即将进行的实验任务每个成员进行认真的学习、分析、理解，力争每个成员都有自己的观点。

小组讨论提出假设，小组同学在一起认真讨论，每个成员都要发表自己的意见，然后根据客观条件，提出小组实验的假设或实验目标。即：

①月季扦插生根率达到 100%。

②月季扦插成活率达到 95%。

根据小组设定的实验目标选择相应的试验方法和实验手段，即小组同学作出选择。例如：

采用全光照喷雾、阳畦、盆钵等不同的扦插方式进行对比实验。

选用不同的扦插基质，或设计不同比例的扦插基质进行比较试验等。

最后小组同学共同设计出实验方案（表 6-1、表 6-2、表 6-3）：

表 6-1　激素处理对月季扦插生根的影响

激素	浓度	生根率
吲哚乙酸		
吲哚丁酸		
萘乙酸		
ABT 生根粉 1 号		

表6-2　不同扦插方式对月季扦插生根的影响

	阳畦	盆钵	全光照喷雾
生根率			
成活率			

表6-3　不同扦插基质对月季扦插生根的影响

	珍珠岩	蛭石	粗砂	珍珠岩＋蛭石
生根率				
成活率				

制定实施计划（小组成员根据任务进行分工）。

8. 实施步骤

（1）建造苗床　选背风向阳、排水良好的平坦地段，南北宽 1.5m 左右，东西长依据扦插苗量而定，开挖自地平面以下深 30～40cm 的沟，将挖出来的表土放在沟的南侧，将表土层以下的土培打在沟的北侧，东西向延开。沟挖好后，将挖出来的表土放入沟底，将沟北边及两侧的土夯实，要求北墙高出地面 50cm，南墙高出地面 10cm，东西两埂逐渐向南倾斜。将沟内的表土层翻匀耙平、耙细，然后填入配置好的扦插基质，基质面北高南低，倾斜度在 1% 左右，畦面上方保持 20～30cm 的生长空间，然后在南北床埂上按 60cm 的间距担上木条、竹片、竹竿或木棍。为了保温，上面覆盖一层聚乙烯薄膜，冬季寒冷季节还要覆盖草帘或棉被保温。

（2）铺设电热线　有时为了增加床内的温度，也可以在苗床的底部先铺设电热线。电加热线由温控仪、导线、开关等组成。铺设前先将苗床底部整平，然后，铺一层厚 5cm 左右的隔热材料，其上再铺 3cm 厚的熟土。布线的方法：先准备好两条长度与苗床宽度相等的木条，在木条上按计算好的间距钉上钉子（一般间距为 5～8cm），并在木条两端钻两个孔。将两根木条分别放在苗床两头，用铁棍等硬物插入木板两端的孔中以固定木板，然后将电热线在苗床两端木板上的钉子上来回铺设，并逐条拉紧。布完线后装上控温仪，接通电源，将温度调到所需要的温度，打开开关测试，确认电路畅通无误后断开电源，将预先准备好的扦插基质覆盖在电热线上，扦插基质厚 15～20cm。最后，把插在木板孔中的铁棍或硬物拔除，将木条取出，再把苗床两端露出的电热线覆土盖严。应该注意的是，苗床中的电加热线不能重叠、打结、交叉，从苗床中取出电加热线时不能生拉硬扯，更不能用铁锹直接硬挖。

（3）铺设有机酿热物　铺设有机酿热物是增加床内温度的一个好办法。具体做法：用未腐熟的牛马粪、鸡粪、羊粪、稻麦草、树叶、秸秆等有机物作酿热材料。据试验，稻麦草、树叶、秸秆等碳氮比例较高，牛马粪、鸡粪、羊粪等碳氮比较低，尤以稻草加牛马粪的配方料温上升速度快、高温持续时间长、总积温高、昼夜温差小，是比较好的酿热物配方。为延长供热时间，通常将酿热物铺成上下两层，上层为快速发热的牛马粪等，下层为发热缓慢的稻草。酿热物的厚度根据地区的温度条件而定，在华北地区一般为50cm左右，再加上20cm左右的扦插基质。酿热物铺好以后，应注意踏踩结实，并注意观测温度，当温度达到30℃左右时，即铺上扦插基质开始扦插。

（4）准备扦插基质　月季硬枝扦插可以选用粗砂、珍珠岩、蛭石、泥炭等做扦插基质，各小组可以设计不同的基质配比试验方案，然后根据苗床长、宽、高的体积，计算所用基质的用量。在将基质填入苗床之前，可以先用0.1％高锰酸钾溶液进行喷洒消毒，或者用甲醛按每平方米5mL的比例掺入基质中进行消毒，这样可以避免扦插过程中插条基部创伤面出现腐烂的现象。经过消毒处理的基质，要先堆放在干净的空场上，经过3～5天的晾晒以后才能使用。扦插前现将基质填入挖好的温床中，将温床内的基质面整平，稍加镇压后，用细眼喷壶将基质浇透，即可准备扦插。

（5）修剪插条　结合冬季修剪下来的枝条，选取当年生、没有病虫害的健壮枝条，剪去枝条上部残花和幼嫩部分，并剪去枝条上所有的叶片，保留叶柄，然后按3～4节一段剪开，每段长10～15cm。制作插条时注意，插穗上端平剪，上剪口距顶芽1cm左右，下剪口斜剪，在插穗基部节下1～2mm处，背着芽剪成马蹄形。

将剪好的插穗30根一捆，按照小组设计的激素处理试验方案进行处理，做好登记或挂上标签。

（6）扦插　采用开沟扦插，沟深10cm，株行距15+15cm，将插穗按450°角斜插入基质，入土深度为插条长度的2/3～3/4。也可以用与插穗粗度相近的木棍，先在插床上扎一个深度约占插穗长度2/3的洞，然后将插穗插入，插后覆土、踏实并灌足水，最后覆上塑料薄膜。

（7）插后管理　月季硬枝扦插过后，在20～25℃的条件下，大约经过1个月的时间，插条便可产生根系。但是，在冬季休眠的季节，一般情况下，是将温床用薄膜封严后直到第二年3月份。如果气温过低，还要注意在夜间给温床加盖草保温，白天太阳出来以后再揭开草帘。春季随着气温的回升，到4月份当气温达到25℃以上时，将温床两头的薄膜通风换气。到5月中下旬以后，逐渐揭开薄膜炼苗，当幼苗适应外界环境以后，便可以掀掉薄膜。这时要加强管理，及时除草、松土、浇水、施肥，促使幼苗苗壮生长。5月份以后，幼苗便可移栽入大田。

（8）统计分析试验结果（表6-4）。

表6-4　月季硬枝扦插实验记录

项目	10天	20天	30天
叶片数			
植株高度			
长势			
生根率（％）			
成活率（％）			

①激素处理对月季扦插生根的影响。

②不同扦插方式对月季扦插生根的影响。

③不同扦插基质对月季扦插生根的影响。

可以根据中职学生的学习基础，采用先计算出百分比，然后对照分析结果。小组同学可以对所观察到的月季扦插苗的生长过程，结合他们自己观察的感官印象，以及前三项的数据分析结果，进行充分地分析和讨论，从中得出经验性的东西，并把结果写成书面总结报告，也可以做成PPT的形式进行小组间交流。

9. 教学效果评价（表6-5）

表6-5　月季扦插试验教学效果评价（学生40％）

评价标准	实验过程	实验结果
药剂处理生根		
月季扦插成活		
苗期生长		
预期结果		

实验结束后，小组同学在小组内，对小组的整个实验组织、实验过程及实验结果进行客观地评价，并结合上述统计分析结果，对小组的整体工作做一个客观的评价（表6-6）。

表6-6　月季扦插试验教学效果评价（教师60％）

评价标准	实验过程	实验结果
药剂处理生根		
月季扦插成活		
苗期生长		
预期结果		

实验结束后，教师要对整个实验设计、实验组织、实验过程及实验结果进行客观地评价，并结合上述统计分析结果，对实验教学组织做一个详细的评估，同时还要认真总结本教学实验设计的经验与得失，为下一次实验教学设计提供有益的帮助。

（二）本实验教学法应用分析

1. 应用条件　实验教学法适用于要求增强学员动手能力、加强实践操作等类别的教学内容。在实验教学中，教师的实验设计是至关重要的，它是本实验教学能否达到预期教学效果的关键。采用实验教学法与否，要依据教学目标的要求、教学内容和学生特点、教师素质和实验场所而定。因此，要求实验指导教师不仅具备相应的基础理论知识，而且实践操作、动手能力强；不仅熟悉本专业岗位的工作过程，而且熟悉本教学环节在整个教学过程中的地位、作用、所占的时间比例等；不仅熟悉相关教学内容，还要熟悉学生或者学员的组成结构，以及他们知识结构和对所要进行的实验操作的了解状况。在实习前做好充足的准备工作，查找资料，为学员提供相应的书面参考资料，配套的视频短片、图片、与之相关的实验案例等。

参加本实验教学法的学生，应该是已经具备了相应的基础理论知识，如职业中学本专业 2～3 年级的学生，相关专业大学本科毕业，或者已经经过相应的技术培训的学员。课前对实验环节、实验方法、实验手段进行详细地预习，有条件的还可以组织学员先参观一些大型或现代化的育苗设施、育苗工厂，使学生对本节实验教学有充足的了解和准备，为实验教学的顺利开展奠定良好的基础。

2. 场合和注意事项

（1）实验教学法以实践操作为主，以口头讲授、小组讨论为辅，配合一定的图片和视频录像，主要教学场所为园林苗圃和实验场地。所以，良好的实验教学场地是必备的，要有一定的建造温床的农田、配套的温棚和保护地设施，还要有能够容纳学生进行课堂讲解的教室、多媒体设备等。

（2）实施本教学法以前，要做好充分的准备工作，由于实验教学法是以实践操作为主，在实施本教学法之前，要仔细检查苗圃地的各项基础设施是否完善，有问题的要及时检修。各种工具、实验物品、实验材料要充足并保证每个小组有一定的备用。

（3）要充分体现以学生为主体的自主实验教学，调动学生自主学习的积极性，营造良好的学习氛围，让学生在实验教学中，发挥主观能动性，注重在实验过程中培养学生的行为能力、团队合作精神和其他相关能力。

（4）实验指导教师要密切关注各实习小组的动态，及时帮助他们解决和处理突发事件，指导小组顺利完成实习过程。由于实验的时间相对比较长，还要安排好整个实习期间的圃地管理和扦插苗出苗以后的苗期管理，做好统计数据的整理和分析，写好实验实习报告。

三、实验教学法案例二：草花播种育苗

（一）应用

1. 教学对象　适用于具有一定种植专业基础理论知识的中等职业学校园林、园艺、种植、林学等 2～3 年级的学生。

2. 教学目标　通过本实验教学的实施，使学生充分了解露地床播、温床（冷床）播种、花盆（苗浅）播种、穴盘播种等不同播种形式的应用特点；基本掌握草花播种育苗全过程的技术要点，熟知花圃地播种育苗的设备、工具及场地的安排和应用，能根据不同要求选择播种方法和区别出常用的草花种子。

在实施播种育苗的过程中，小组同学逐渐增强相互之间的了解，学会如何组织、协调共同圆满完成一项工作任务。并实践草花播种育苗生产的全过程，体验园林花卉苗圃生产管理的工作岗位经历。

本实验教学法的重点是根据需要选择相应的育苗方法，并能够按要求将草花种子播入露地苗床或花盆（育苗容器中）

本实验教学法的难点是，怎样区别常用的草花种子。

3. 教学内容（背景知识）

（1）草花种子的采收　采收草花种子，应选生长健壮、发育充实并能体现种或者品种特性的优良母株。不同种类的花卉选择不同的采收期。如文竹、菊花等浆果、核果、仁果类花卉的种子，应在种子充分成熟以后，一次性采收。而凤仙花、三色堇等荚果、蒴果、瘦果、长角果、骨突果等的种子，其蒴果成熟后很容易开裂。太阳花、金鱼草、虞美人等种粒细小，完全成熟后就开裂散落了，所以这一类花卉的种子，要在种子泛黄至褐黄期及时采收。

种子采收后，应根据生态习性和种子特点，进行干燥、脱粒、风干、去杂等处理，并及时编号、注明采收日期和种类名称，以备应用。

（2）草花种子发芽所需要的环境条件　水分是草花种子发芽所必需的环境条件之一。种子萌发需要充足的水分，以使种皮吸水膨胀，从而增加种皮的通透性。种皮内的胚乳需要充足的水分，使淀粉、蛋白质降解成为可被吸收利用的糖和氨基酸，从而供应胚的萌发和生长。

种子在贮藏过程中，处于休眠状态，呼吸比较微弱。当种子吸收水分膨胀以后，种皮内部的淀粉、蛋白质在酶的作用下大量分解，种子的呼吸加强，需

要大量的氧气并吐出二氧化碳。此期，播种基质要疏松透气，以保证种子有足够氧气供应，并排除二氧化碳气体。

温度对种子的发芽影响很大。种子内部营养物质的分解和其他一系列生理生化过程，都需要一定的温度条件才能正常进行。一般花卉萌发时需要 16～22℃的土壤温度，不同种类的花卉其萌发适温有一定的差异。原产于热带的王莲需要 32℃的高温才能萌芽。播种时，土壤温度最好能保持相对的恒定，变化幅度最好不要超过 3～5℃。

种子萌发基本不需要光照，但如果在背阴处播种，往往会影响土温，播种浇水后，土表不容易便干，影响通气而使得种子发霉腐烂，导致播种失败。

（3）种子处理　为了促使花卉种子发芽迅速，在播种前可以根据各种花卉种子的性状不同，采用相应的处理方法。对于容易发芽的种子，如月光花、牵牛花、香豌豆等可以不经处理直接播种。为了促使他们发芽迅速或出苗整齐，也可以采用 0～3℃冷水浸种 6～24h。对于种皮较厚的仙客来、文竹、君子兰、旱金莲等，可以采用 40～60℃温水浸种 12～24h。

（4）播种时期　凤仙花、一串红、鸡冠花等一年生草花，北方地区通常 4月上旬露地播种。为了提早开花，可以提前至 2月中下旬，温室或温床播种，有些播种后能很快开花的种类，可以推迟到 5月播种。三色堇、虞美人、雏菊等二年生花卉，北方地区通常在 9月上中旬露地或冷床播种，南方多在 9月中下旬至 10月上旬播种。对于那些种子成熟以后容易失去发芽力的，如非洲菊、仙客来、报春花等，可以随采随播。温室草花瓜叶菊等在温室内一年四季均可以进行。

（5）播种方式　草花育苗播种方式很多，可以根据需要采用不同的方法。

①露地苗床播种　是将种子直接播在露地苗床。常用于大量的一年生花卉繁殖，或者园林绿地、露地花坛直接用苗。

②温床（冷床）播种　主要用于二年生花卉的繁殖，有时为了早春提前用花，常常采用温床（冷床）播种。

③花盆（苗浅）播种　广泛用于温室一、二年生花卉和多年生草本花卉的育苗，由于其育苗设备简单，灵活方便，也广泛应用于家庭养花爱好者，或者机关企事业单位，用花量比较小的情况。

④穴盘育苗　是近几年在园艺生产上发展比较快的一种育苗方式，由于其繁殖量大、生产成本低、育苗速度快、质量高，特别适合大量的花卉商品生产。

4. 教学媒体　教科书、讲授、黑板、课件、图片、录像等。

5. 教学场所及设备用具

（1）教学场所　花卉苗圃地，12播种苗床若干个（每小组一个）。

（2）教学设备　万分之一天平一台，十分之一天平若干台（每小组一台）。

（3）播种容器　育苗盘、花盆、苗浅、穴盘等若干。

（4）播种基质　粗砂、珍珠岩、蛭石、腐叶土、泥炭土等。

（5）草花种子　仙客来、君子兰、一串红、凤仙花等草花种子若干。

（6）其他　水管、喷水壶等。

6. 实施过程和步骤　将学生分成若干小组，每组5～7人。

（1）教师　实验设计教师要根据上述实验任务，结合本专业教学计划要求、课时时数，本校实验场地等实际情况，有选择的进行教学设计，进行模块组合，安排实验教学。

下达实验任务，给学生介绍与草花播种育苗相关的背景知识，如根据不同的草花种类，科学的选用播种时间、播种基质、播种方式等，给有活力的草花种子提供适宜的发芽温度、充足的水分和氧气，创造良好的育苗环境条件，以及支撑幼苗生长的营养条件等，并引导学生达到所期望的结果。

（2）学生　提出假设。

①不同草花播种发芽率达到80％～95％。

②不同草花幼苗成活率达到90％以上。

设计实验方案（表6-7、表6-8、表6-9）：

表6-7　不同处理对草花种子发芽率的影响

处理	草花种子	发芽天数	发芽率
温水浸种	仙客来 君子兰 一串红 凤仙花等		
冷水浸种	仙客来 君子兰 一串红 凤仙花等		
赤霉素	仙客来 君子兰 一串红 凤仙花等		

表 6-8　不同基质对草花播种出苗率的影响

基质	花卉种子	出苗天数	出苗率
珍珠岩＋蛭石	仙客来 君子兰 一串红 凤仙花等		
粗砂＋营养土	仙客来 君子兰 一串红 凤仙花等		
营养土	仙客来 君子兰 一串红 凤仙花等		

表 6-9　不同播种方式对草花出苗率的影响

播种方式	花卉种子	出苗天数	出苗率
露地床播	仙客来 君子兰 一串红 凤仙花等		
温室盆播	仙客来 君子兰 一串红 凤仙花等		

设计实验记录（表 6-10）。

表 6-10　＊＊草花播种苗生长过程观察

项目	10 天	20 天	30 天
发芽数			
植株高度			
叶片数			
长势			
成活率%			

7. 实施步骤

（1）露地床播

①翻耕土地　事先对准备用来播种用地进行翻耕，同时施入基肥，浇透水，待土壤表皮变干后，整平耙细，准备播种。

②播种　露地播种一般采用开沟条播的方法，播种沟的深度，以种粒的大小而定，一般为种粒直径的 2～3 倍，沟与沟之间的距离为 30～50cm。大粒种子多采用开沟点播的方法，点播的株距为 10～15cm，每穴点种 2～3 粒，最后覆土用脚踏实。对于种粒特别小的种子，通常采用撒播的方式。播前先用钉耙将土面耙松，按照要求计算好播种量，为防止撒播不匀，可以将种子与细纱掺在一起，然后撒种。

（2）温床（冷床）播种

①床土消毒　温床（冷床）播种用土要求比较高，通常用富含大量腐殖质的加肥培养土，先腐熟过筛筛细，然后翻晒 1～2 个月，或对床土进行消毒。

②填土　播种前将他们填入苗床内，床土深度在 20～30cm，适度镇压后，用竹片将床面刮平，最后用细眼喷壶把水浇透后备用。

③播种　温床（冷床）多采用撒播的方法，播后用筛子在床面上薄薄地筛上一层细纱或培养土，在出苗前还可以覆盖塑料薄膜保湿。

（3）花盆（苗浅）播种

①清洗花盆　装土前先把花盆（苗浅）清洗干净，新盆要泡水退火。

②装土　花盆（苗浅）播种一般用消过毒、不加肥的普通培养土，先用碎瓦片将花盆（苗浅）底部的排水孔盖上，然后填入深 2～3cm 碎炉渣，以利排水，上层再添入播种用土。

③播种　中、大粒种子，可以采用穴播的方法，按照一定的间距将种子逐粒按入盆土内，小粒种子可撒入盆土表面，用细筛轻轻筛入薄薄一层细面砂覆盖。有些微粒种子则不用覆土。

（4）穴盘播种

①穴盘　播种用穴盘可在市场上买到，常见的规格有 72、128、288、392穴等，每盘的长×宽为 55cm×28cm。各种盘的容量为 72 穴 4.1L、128 穴 3.2L、288 穴 2.4L、392 穴 1.6L，计算出所用基质量，并加 10% 的浮动量。一般育大苗用穴盘数少的穴盘；反之，则用穴盘数多的穴盘。育苗用的穴盘，使用前都要进行清洗消毒。

②基质　穴盘育苗基质一般要求通透性好、保水保肥力强、无病原菌、不含杂质、自身的肥分少、理化性质均一等，常用的基质有泥炭土、珍珠岩、蛭石等。大多数草花育苗均采用泥炭土＋蛭石的配方，一般用一份蛭石加 2～3

份泥炭土，再加入适量的氮磷钾复合肥。使用前用 40% 的甲醛溶液喷洒消毒，也可用蒸汽消毒或其他消毒方法。

③装盘 有条件的可用全自动机械装盘，其作业程序包括装盘、压穴、播种、覆盖和喷水。没有全自动机械装置的，可以采用人工装盘，其方法可以参照花盆（苗浅）播种。

④播种 大粒种子可以采用穴播的方法，如一串红、百日草、万寿菊等，按每穴播入 1~2 粒种子，覆土厚度为种粒直径的 2~3 倍。小粒种子采用撒播的方法，如三色堇、矮牵牛、鸡冠花、四季海棠等，与沙子按 1∶10 的比例混合撒播于穴盘。最后盖上玻璃或塑料薄膜保湿。

（4）苗期管理 无论采用什么方式，播种至出苗以后都要加强管理。播种后至出苗前，温度和湿度的控制非常重要，草花种子发芽的适宜温度一般为 16~22℃，有些温室花卉可控制温度在 20~25℃，穴盘育苗，播种基质含水量控制在 80%~95%。花盆（苗浅）育苗，尽量保持盆土表面在出苗前不干为好。露地和温床（冷床）育苗，应保持床土湿润。当幼苗长出 2~3 片真叶的时候，应逐渐揭去覆盖物，并适当追肥浇水，以促发幼苗生长，但要注意不可引发徒长。温室育苗还要定期喷洒杀菌剂，以减少病害的发生。

（5）统计分析试验结果

①不同处理对草花种子发芽率的影响。

②不同基质对草花播种出苗率的影响。

③不同播种方式对草花出苗率的影响。

草花播种苗生产过程观察：

对前 3 项的统计分析，可以根据中职学生的学习基础，采用先计算出百分比，然后对照分析结果。小组同学可以对所有草花播种苗生产过程观察记载的内容，结合他们自己观察的感官印象，以及前 3 项的数据分析结果，进行充分地分析和讨论，从中得出经验性的东西，并把结果写成书面总结报告，也可以做成 PPT 的形式进行小组间交流。

8. 教学效果评价（表 6 - 11）

表 6 - 11 草花播种实验教学效果评价（学生 40%）

评价标准	实验结果	实验过程
出苗率		
成活率		
生长势		
预期结果		

实验结束后，小组同学在小组内，对小组的整个实验组织、实验过程以及实验结果进行客观地评价，并结合上述统计分析结果，对小组的整体工作做一个客观的评价（表6-12）。

表6-12 草花播种实验教学效果评价（教师60%）

评价标准	实验结果	实验过程
出苗率		
成活率		
生长势		
预期结果		

实验结束后，教师要对整个实验设计、实验组织、实验过程以及实验结果进行客观地评价，并结合上述统计分析结果，对实验教学组织做一个详细的评估，同时还要认真总结本教学实验设计的经验与得失，为下一次实验教学设计提供有益的帮助。

（二）本实验教学法应用分析

1. 应用条件 草花播种育苗实验教学，对生产实习条件有一定的要求。草花播种的4种方式，从家庭养花到工厂化育苗方式，从兴趣爱好到商品生产，有较大的实验教学应用空间和范围。教师在设计实验教学的时候，可以根据学校的教学条件、当地花卉生产的实际状况、学生的学习基础、教学时间安排等有选择地灵活运用。

露地床播育苗形式，对生产条件要求不高，只要有一些生产场地即可，简单易行，比较适合一些缺乏生产实习条件的学校。可以要求学生在草花种子处理、播种方式和选用不同种类的草花种子方面做一些对比试验。由于露地作业相对比较艰苦，可以对学生进行一些传统或精神意志方面的教育。

温床（冷床）播种育苗，对温床（冷床）的建造有一定的要求，也有一定的技能要求。本教学环节涉及的知识点和技能环节比较多，从建造温床（冷床）、铺电热线、配有机酿热物到播种育苗等。进行本节实验教学的时候，要让学生先认真学习有关温床（冷床）育苗的知识，熟悉相关过程，尤其是有关的背景知识。如与之相关的酿热温床、电热温床的建造、有机酿热物的配制、电热线的铺设等。教师也可以根据教学时间安排，有选择地设计教学过程，将其安排为几个不同的实验教学阶段。

花盆（苗浅）播种育苗，灵活机动，有较小的活动场地即可进行，非常适合中职学生的特点进行实验教学的应用。小组同学可以选择不同的花卉种类进行播种育苗，并认真观察播种苗的生长状况，比较他们的开花、结籽等发育过程。这不仅使他们得到了技能方面的锻炼，同时也加强了小组同学的进一步接触和了解，增强了团队合作精神。

穴盘播种育苗是现代化的花卉育苗方式，对温室设备条件要求较高。在设计本实验教学过程的时候，可以根据情况具体应用。如可以组织参观一个育苗工厂，要求学生调查、了解，并以报告的形式写出生产技术过程，也可以让学生在育苗工厂实习一段时间，参与一个生产过程，达到较为熟练运作的程度。

2. 场合和注意事项　从上述实验过程我们可以看出，学生要在较大程度上独立地完成草花播种的整个过程。在没有教师的帮助下，他们要设计不同处理对草花种子发芽率的影响，找出草花播种的最优基质配比方案。同时他们还必须在小组同学协作和共同的努力下，完成从建造苗床、处理种子、基质消毒、播种育苗到苗期管理的整个生产过程。在这个过程中，他们不仅获得了直接的生产经验，而且还增进了同学友谊，同时给了小组同学一个发现问题、解决问题的机会。

综上所述，实验教学法具有以下几个优点：

①有利于培养学生的职业能力、综合素质。

②在整个试验过程中，学生的主动性强，参与意识强烈。

③学生完成了自主学习的过程，充分享受了学习的乐趣。

④给学生创造了一个更大的思维空间。

⑤在试验中也可能发现一些意想不到的问题或收获。

第三节　项目教学法

首先，由学生或教师在园艺实际生产选取一个项目，学生分组对项目进行讨论，并写出各自的计划书；其次，正式实施项目，然后展示项目结果，由学生阐述项目的过程；最后，由教师对学生的成果进行评估。通过以上步骤，可以充分发掘学生的创造潜能，并促使其在提高动手能力和推销自己等方面努力实践。

一、项目教学法的概念

（一）项目

一个项目是一项计划好的有固定的开始时间和结束时间的工作。规则上项目结束后应有一件可以看到的产品。

（二）项目教学法

项目教学法是通过实施一个完整的项目而进行的教学活动。一个由学员组成的小组有一项确定的工作，他们自己计划并且完成工作，结束时应当有一个正确的结果。

运用项目教学法的目的是通过课堂教学，把理论与实践教学有机地结合起来，充分发掘学生的创造潜能，提高学生解决实际问题的综合能力。

二、项目教学法的基本特征

1. 问题导向 项目教学法是面向问题的教学法，以问题为出发点，通过分析问题和更精确地陈述问题，以及通过寻找和模拟可选的行动途径，试图为问题或结果寻找一个解决方案。项目并不针对非真实的情境，而是针对于符合实际情况并有主观或客观利用价值的情境。项目教学法适合于复杂问题的分析和解决。项目中待解决的问题与企业工作中所面临的问题存在确切的联系。

2. 独立决定 项目教学法又称项目学习，是一种宏观教学方法，旨在实现学生学习过程的组织和实施的独立自主性，给了学生更多独立的决定权，提供更多的可能性让学习者更独立地组织自身，并更活跃地投入到教学过程。这个指导过程将目标定为发展自我组织和自身责任。教师不只是单纯的传授者，而是在项目教学法中扮演着特殊的角色，他们不仅需要有专业能力，而且必须在项目计划和决策过程中担任咨询师的角色，为学生提供必要的帮助。同时项目组成员之间在独立行动过程中需要对工作方法能力方面进行互相的交流，在自主和相互学习的过程中提高学习效果，这也是项目教学的另一个重要目的。

3. 与经验密切相关 这个经验可以是学生本身就有的生活或工作经验，也可以是教师提供的信息，信息其实是老师的经验，经验的传授就是我们的教学过程。

4. 目标和产品导向 项目教学法的最终目的就是完成一个产品，由明确的目标引导着知识的传授。

三、工作过程

(一)课前准备

这个阶段也被称为项目的开发阶段。

原则上项目教学法中的项目要基于所有现实问题进行开发，这样的话项目的目标和其中的任务就能与职业现实紧密联系。所以，在授课前教师（或学校）需要与企业结合，寻找合适的工作任务，即项目。同时需要论证该项目可执行与否。

在这个阶段的主要任务需要由教师承担：

1. 项目开发 开发一个与职业工作实践密切相关的项目主题，项目中有待解决的问题应同时包含理论和实践两个元素，项目成果能够明确定义。

2. 项目应用　将设计的项目融入到课程教学中。

3. 项目细化　教师需要实际操作一遍准备应用于课堂的项目，以确定项目工作进行的空间、技术、经费和时间等前提条件，项目的目标和任务应由项目开发所有参与人员共同确定。

课前的准备是否完善是项目教学法成果的关键，一个项目的开发往往耗时较长，一般需要3个以上教师花上一年的时间进行项目的准备。项目的选择还要考虑到学生现有能力及在以后工作中需要的能力（不是技术），所以需要项目组成员反复论证、试验，直到最后确定本项目可以应用于教学。

一个项目被确定后就要列入教学大纲，在以后的教学过程中可以反复应用。

有些项目较为复杂，需要多个专业学生的合作。如制作开瓶器，这就需要金属加工和塑料加工两个专业学生合作完成。

（二）课堂教学

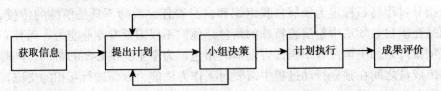

1. 获取信息（确定目标/提出工作任务）　教师需要创设学生当前所学习的内容与现实情况基本相接近的情景环境，也就是说，把学生引入到需要通过某知识点来解决现实问题的情景。这样可以增加项目的趣味性，提高学生完成项目的兴趣。

（1）**项目介绍**　将准备好的项目放入情境环境中介绍给学生，并将相关信息（或知识点）传达给学生。可以通过讲授、提供媒体链接、提供书目章节等方式传达。

（2）**确定评价标准**　将评价标准细则和信息一起交予学生，让学生能够在后面的工作中有据可依。评价的细则从学校评价框架（类似题库）中选择，评价框架内包含了大量的评价要求，涵盖了各个方面。但实际的标准要根据项目内容，与学生商讨后确定，给学生更多的自主权，同时这些评价标准中也包括了学生对教师进行的评价。

（3）**操作示范**　根据选好的项目，围绕当前学习的知识点，选择合适的小项目，并示范解决项目的过程，以便于学生"知识迁移"。在此阶段教师需要重申评价标准，并在操作过程中进行强调。

2. 提出计划　学生根据获取的信息及教师的示范，针对项目工作设计一个工作计划。教师根据需要给学生提供咨询。

（1）工作计划的内容　各个工作步骤综述；工作小组安排；权责分配；时间安排。

（2）培养学生的能力　独立设计项目实施的具体内容和方法；自主分配项目任务。

3. 小组决策　在这个阶段，为完成项目，把学生分成大组或小组。各组学生协同工作，创造性的、独立的开发项目问题的解决方案。本阶段中心任务由学生完成，学生通过调研、实验和研究来搜集信息，并根据搜集的信息及项目目标进行决策，找出具体实施完成项目计划中已确定工作任务的方法或方案。

学生需要将项目目标规定与决策进行比较，如果决策不合适或不正确，需要做出相应调整，重新决策，直到拿出最终的方案。

在这个过程中，教师一定不要干预学生的决策，即便是学生进行不下去了，觉得达不到目标，教师也要让学生去自主进行这个过程，而不是由老师来决定行还是不行。本阶段有助于培养学生的协同工作能力和自我控制意识。

4. 计划执行　计划制定好后，一定要让学生对计划进行实际的操作。本阶段以小组工作的形式进行。学生根据本组的决策分工合作、创造性的独立解决项目问题。本阶段中心任务是基于项目计划，学生通过调研、实验和研究来有步骤地解决项目问题。学生需要在执行计划的过程中，不断将项目目标规定与当前工作结果进行比较，并及时做出相应调整。

与上个阶段同样，本阶段也有助于培养学生的协同工作能力、自我控制意识。

在这个阶段需要注意的是，项目要由全组学生共同完成，而不是每一个学生单独完成。

5. 成果评价　成果评价阶段在项目教学法中具有重要意义，评价分为两个步骤：

（1）成果汇报　每个小组选派一个或多个代表向所有项目参与者或相关人员（包括甲方、教师、家长、学生等）汇报其项目成果。向谁汇报由项目背景决定，如项目为完成一件产品的制作，那么就要向企业汇报。汇报形式可以多种多样，如课堂汇报、专门的汇报会，或是安排到某个庆祝活动中。

（2）成果评价　包括检验、评价和讨论。

检验：学生根据之前确定的评价标准，对本组项目完成情况进行检验。在此过程中，教师可以参与检验，也可以由学生自己检验。

评价：根据学生的检验结果，参照评价标准，教师和学生共同对项目的成果、学习过程、项目经历和经验进行评价和总结。

讨论：教师和完成项目的该组学生及其他参与汇报的人员一起针对项目问题其他解决方案、项目过程中的错误和成功之处进行讨论。

本阶段非常有助于促进学生形成对工作成果、工作方式及工作经验进行自我评价的能力。

成果评价阶段重要的是：对项目成果进行了理论性深化；能使学生意识到理论和实践间的内在联系；明确了项目问题与后续教学内容间的联系。

6. 项目迁移　迁移是指将项目成果迁移运用到新的同类任务或项目中，这是项目教学法的一个重要目标。迁移可作为附加教学阶段，也可与评价（第5阶段）结合起来进行。学生迁移运用的能力并不能直接反映出来，而是要在新任务的完成过程中体现出来。

（三）课后评价

第一次课程结束的评价对于项目的开发很重要，根据课堂教学效果，对准预先制定好的教学目标，对项目本身、教学过程、学生情况等方面进行评价，根据评价结果对项目及课程设计进一步完善。

四、项目教学法的目标

1. 将课堂教学与"经验世界"联系起来。
2. 培养学生独立、富有责任意识解决实践问题的能力。
3. 传授专业知识、发展专业特定能力。
4. 培养团队工作的能力。
5. 培养解决复杂的跨专业问题的能力。

五、优点和缺点

1. 项目教学法的优点

（1）学生的学习兴趣较高。

（2）促进团队工作能力的发展。

（3）实践和问题导向的学习任务。

（4）跨专业的学习过程。

（5）促进独立工作的能力和自我责任意识的培养。

2. 项目教学法的缺点

（1）对教师专业能力、实践能力、经验等要求高，而且课前准备工作繁重。

（2）项目教学法的根本目的是让学生能够根据已经做过的项目学会同类项目的操作，由此及彼，举一反三，因此对学生的迁移运用能力要求较高。

（3）完成一个项目需要一整套专业知识支撑，占用时间相对较多。

第四节　现场教学法

一、现场教学法的概念和起源

（一）现场教学法的概念

所谓现场教学法就是教师和学生同时深入现场，通过对现场事实的调查、分析和研究，提出解决问题的办法，或总结出可供借鉴的经验，从实际材料中提炼出新观点，从而提高学生运用理论认识问题、研究问题和解决问题能力的教学方式和方法。现场教学法通过现场察看、现场介绍、现场答问、现场讨论和现场点评等教学环节实现教学目的。简单地说，就是教师利用现场教，学生利用现场学，核心是利用现场教学资源为实现教学目的服务。

（二）现场教学法的起源

据查，20世纪初开始有现场教学的概念。现场教学最早始于医学院学生的生理解剖和临床教学，后来是地质矿冶学院在教学实践中开展现场教学。在教育界，有些专家把在实地举行的军队官兵训练、体育运动教学训练、商贸业务员的现场推销训练等也视为现场教学。近年来，我国大学教育大多是把"基础知识宽厚、创新意识强烈、具有良好自学和动手能力的通识性人才"作为学校对学生的培养目标，而现场教学法又是实现这一培养目标的有效方法之一，因此很多高校纷纷试行现场教学法。

二、现场教学的要素、特征和功能

（一）现场教学的要素

现场教学具有5个要素：一是现场，就是事实存在地或事件发生地；二是事实，就是客观存在的事物或事件；三是实践者，就是事件的经历者或事物的知情者；四是学生，就是教学活动的培训对象；五是教师，就是教学活动的组织者。没有这五个要素现场教学就无法开展。

（二）现场教学法的特征

1. 现场成为课堂　现场教学让教师和学生走出校门，以事实现场作为教学的场所，投身其中、身临其境，接触现场的人，观看现场的物，考察现场的事，研究现场的理，能起到"百闻不如一见"的效果。让学生走进社会实践的前沿，改变以往课堂教学远离实际的状况，显著提高教学的直观性。

2. 事实成为教材　现场教学的教学材料取自现场，观看现场事实、听取现场介绍、进行现场交流，运用的都是现场事实材料。这些存在于第一线的最鲜活的材料，都是今后工作中要做的事情，要解决的问题。研究这些问题，对学生今后的学习和工作都有较为深远的启发和指导意义。

3. 实践者成为教师　现场教学把学生带回到实践之中，让现场操作的当事者"现身说法"，介绍操作规程，介绍操作要领，介绍操作方法，介绍工作思路、经验和体会，实践者的亲自讲解比教师在课堂上传播要真切得多、具体得多、可信得多，从而大大提高了教学的有效性。

4. 学员成为主体　现场教学克服了灌输式教学的缺陷，把学生带到现场，让学生自己看、自己听、自己问、自己想、自己得出结论，依靠学生自己的亲身感受和体悟来获取知识，掌握真理。这样的教学过程充分发挥了学生的自主性和能动性。

5. 教师成为主导　现场教学中，教师所起的是组织者和指导者的作用，着重把握教学的主旨和进程，使教学效果有基本的保证。在教师的组织下，学生实现了听与看的结合，学与想的结合，教与研的结合，动与静的结合。学生考察他人的实践，既有深切感，又有超然感，能不带框框、自由思考，能有效培养、锻炼和增强学生分析问题和解决问题的能力。同时，也提高了教学的生动性。

（三）现场教学法的教学功能

1. 亲临实践现场，直接认识事实　现场是对事实或事件的本质和规律的保留和展示。走进现场是人们考察认识事实和事件最直接、最有效和最可靠的方式和手段。因此，现场教学相对于其他教学方式来说，对社会现实和客观对象的认识是比较全面、真实和深刻的。

2. 面对事实讨论，深入掌握规律　现场教学中，学生在看、听、问的基础上开展讨论，既有事实的对照，又有教师的指导；既有同学的交流，又有操作者的答疑，更能激活思维、深化认识，比其他的教学方法更能透彻掌握事物的本质和规律。

3. 启发拓展思路，提高实际能力　现场教学研究的是现实问题、学习的是当前的经验，对于在校大学生具有直接的借鉴意义。同类问题可以进行类比，参照解决；异类问题能够启发思考，创新解决。有效地提高研究和解决实际问题的能力。

三、现场教学的理论依据与基本思路

现场教学是一种教育实践活动，中国古代教育家们所倡导的身教、言教、礼教等教化思想，就是强调通过观察研究生活和生产的实际过程给学生以教益。到了近代，苏霍姆林斯基提出的"自然教育"思想和陶行知提出的"生活教育"等也体现了现场教学思想的本质，为现场教学这样一种有效的教育形式提供了充分的理论依据。

1. 认识论依据　马克思主义哲学指出：实践是认识的基础，是检验真理的唯一标准，一切真知都从直接经验发源。要想获得最新的认识和知识，就必须走到实践的最前沿去参与，去观察，去感受，去体会；认识论认为"实践、认识、再实践、再认识"是人类认识深化的必然历程，人类认识的深化必须经过反复实践，只有实践才能充分揭露和展示事物的规律，总结实践是人类深化认识的根本途径。

2. 心理学依据　情景认知学习理论认为，人的学习活动是非常复杂的，它与社会、心理和认知等诸多因素相关。学习绝不仅仅是从听中获得知识，而且需要有思维和行动的参与，通过观察、推理以及问题的产生和解决，更能获取真正有用的知识和生活本领。

3. 教育学依据　现场教学法在教育学上的理论依据更是源远流长、丰富多样，考察起来主要有 3 种。一是启发教育学原理。"启发"一词源于孔子的"不愤不启，不悱不发"，就是经过开导使人有所领悟的意思，它要求教师在教学中能启发学员思考问题，积极主动地去获取知识。二是"从做中学"原理。美国教育家杜威提出的"从做中学"的教学理论在中国得到广泛的认可和推广。三是"教学相互作用论"理论。瑞士心理学家皮亚杰在"发生知识论"的基础上提出了"教学相互作用"理论。他认为：认识发生、发展的动力和基础是主客体的相互作用，一切经验发源于行动。这个理论的要点就是在教育过程中，学生始终是主体，而教师、学习环境和教学手段均是客体；教学目标能否达到，最终取决于主体内的作用，因此，必须把工作重点放在学生身上。

现场教学把学生带到现场，让学生自己看、自己听、自己问、自己想，然后得出结论，是完全符合以上 3 种教育学理论的。开展现场教学的基本思路是：把已有一定理论基础的学生，带到社会实践的真实现场，通过对现场事实的调查、分析、研究甚或操作实施和现场验证，帮助学生自己归纳、概括实际知识。

四、现场教学的类型

根据各门课程的教学要求及教学活动性质，现场教学一般有下列几种类型：

1. 生产型的现场教学　生产型的现场教学是学校结合专业特点而组织的

到对口单位、校办工厂及生产基地等现场教学，既对生产劳动进行参观调研，又向现场工作人员学习，并参加一定的生产实际操作，以增长生产劳动知识，掌握一定的生产劳动技能。

2. 见习性的现场教学　见习性的现场教学是某些课程根据理论与实际相结合的需要，到有关设计或施工的现场，在现场技术人员的帮助下，边参观边学习，有助于学生理解本课程的理论知识，了解其在实际生产中和社会生活中的应用，有助于开阔眼界，进行劳动技能培养。

3. 参观性的现场教学　参观性的现场教学是根据思想教育（如政治课、德育课等）需要，组织学生到有教育意义的纪念馆、博物院、历史古迹、烈士陵园等参观，提高学生的思想认识，进行生动活泼的思想政治教育、集体主义和爱国主义教育。

五、现场教学法与相关教学法的区别

现场教学与理论教学、案例教学、情景模拟教学等，既有联系，又有区别。现场教学是理论联系实际教学方针的最鲜明体现。在理论教学、案例教学、情景模拟和现场教学 4 种方式中，现场教学是最贴近实际的。因为理论教学的内容是实际内容的抽象和概括；案例教学比理论教学生动，但案例毕竟只是事实的描述，与事实有一定距离；情景模拟虽然仿真性较强，但毕竟是一种扮演。而现场教学是一种以学习为目的的准实践活动。现场教学走进实践前沿，克服了课堂教学离开现实的状况，其所得所获可直接指导今后的学习和工作，能有效提高学生的实践能力。现场教学汇集了考察参观的直觉性、经验分享的启发性、课题研究的自主性、案例教学的仿真性、情景模拟的体验性、讨论交流的互动性，具有显著的教学效果。

第五节　迁移教学法

迁移教学法是在课程改革中得到尝试性应用的一种新兴的教学方法，不仅有助于学生构建完整的知识体系，而且有利于提高学生的自主学习能力以及促进学生的全面发展。

一、迁移教学法的概念

所谓迁移，就是先前的学习会对当前的学习产生影响的现象，这种现象就是迁移。这里所说的影响有两种：一种是能起积极促进作用的，叫正迁移；一种是会有消极干扰作用的，叫负迁移。我们在教学中就要努力实现正迁移，而

要防止负迁移。我们常说的"举一反三""触类旁通"就是指学习中的正迁移现象。迁移的原理是客观事物之间普遍存在的联系，以及客观事物之间的互相制约性。所以，迁移的方法就是通过类比、推理，沟通新旧事物之间的联系，通过比较、分析、综合，然后对新事物进行抽象、概括。

迁移教学法是教师依据迁移规律设法为新知识的生长提供联系的认识桥梁，通过迁移来发挥旧知识在学习新知识中的铺垫作用。其基本原理在于当学生具备从事新的学习任务所需要的认知先决条件越充分，他们对该学科的学习兴趣就越浓。即学生对原有知识掌握得越丰富、清晰、牢固，就越能更快地学会新知识，学习也就越有信心。这里说的"迁移规律"，主要指的是正迁移。

本文所讲的"迁移教学法"，其关注的焦点，不仅是为了学生能完成由"旧知识"向"新知识"的迁移，更重要的是，在此基础上完成由"知识"向"能力"的迁移。

二、迁移教学法的内涵

（一）迁移教学法的条件

实施迁移教学法，有 3 个条件：一是学生必须要有相关的旧知识做为出发点；二是学生必须有获取新知识的欲望，这种欲望需要教师在教学过程中不断地激发和强化；三是必须有符合中等职业学校学生实际的、高效的、操作性比较强的课堂模式。

迁移教学法的实践，主要起始于普通中小学校，而中等职业学校的学生与普通中小学校的学生有很大的区别，要在中等职业学校实施迁移教学法，必须对中等职业学校学生的特点和学习任务有所了解。普通中小学校的学生主要是完成知识体系的构建，与普通中小学校的学生相比，中等职业学校学生的文化基础和获取新知识的能力比较差，他们通过 3 年的学习生活，除了要完成知识体系构建之外，还必须完成由学生向社会职业人的转变。换句话说，就是中等职业学校的学生除了要完成专业知识的学习之外，还要完成社会生存所需的基本能力和素质的建构。要实现这一培养目标，中等职业学校的课堂，就必须有两方面的功能：一是专业知识能力的学习，二是职业人生存所需基本能力、素质的训练。这就要求课堂教学方法必须能与这种使命相匹配，也就是说，它不仅仅是承载由旧知识向新知识的迁移，更重要的是在此基础上，完成由知识向基本素质和能力的迁移。

那么，作为未来职业人，应该具备哪些基本素质和能力呢？

通过对社会需求的分析，中等职业学校的学生必须具备以下三种基本素质和三种基本能力。

三种基本素质：一是德育素质，其基本内容以社会主义核心价值体系为基本要求，遵纪守法，具备辨别真善美与假恶丑的能力，崇尚社会主义荣辱观，有理想、讲诚信、有良好公民道德和团队协作意识，热爱祖国，热爱社会主义，热爱中国共产党和具有强烈的社会责任感。二是身心素质，具有健康体魄、健全心理和良好自我心理调节能力的素质。"健康体魄是青少年为祖国、为人民服务的基本前提，是中华民族旺盛生命力的体现。学校教育要树立健康第一的指导思想，切实加强体育工作，使学生掌握基本的运动技能，养成坚持锻炼身体的良好习惯。"（摘自《中共中央国务院关于深化教育改革全面推进素质教育的决定》）。除健康的体魄之外，还要有健全的心理素质和良好的自我心理调节能力，这是职业人能健康、顺利成长的基本保证。身心素质的培养离不开德育素质的培养和形成。三是团队素质，主要包括团队意识和合作、交流能力。社会发展到今天，随着科学向宏观（学科之间的交叉和联系越来越紧密，如航天工程）和微观（学科分工越来越精细，如基因工程）两个方向的发展，仅靠个体的力量很难有所作为。作为一个社会的人，要生存和发展，就要有与人合作、交流的能力。换句话说，合作、交流能力就是团队素质的两个支撑点，这也是职业人不断学习他人优点、完善自我、生存的一项不可缺少的基本素质。

三种基本能力：一是专业能力，专业能力主要包括扎实的专业理论和比较熟练的专业技能。一个人只有具备这样的专业能力，才能做一名合格的从业人员，才能在社会就业竞争中找到自己的工作岗位，才能在社会上生存，从这种意义上说，专业能力就是关系到一个人生存的核心能力。只有具备这种能力的职业人，才能具备较强的工作能力，才能胜任自己的工作。这项能力是职业人的社会价值得到有效发挥的载体。二是求知能力，这也是中等职业学校学生最薄弱的一项能力，主要包括强烈的求知意识和求知能力。求知意识，是人对未知知识的渴求和认识的欲望，产生这种欲望的原动力来自于人的强烈的社会责任感，也只有这种强烈的社会责任感，才能使这种意识持续下去，且不断得到强化。在求知意识的作用下，通过对知识的学习和掌握，人的求知能力才能得到开发、训练和培养。根据对创新型职业人"终身学习能力"的要求，必须使其自主学习能力得到培养，只有这样，培养职业人的终身学习能力，才可能得以实现。因此，求知能力的核心就是自主学习能力。在学校教育阶段，学生学习和掌握知识，只是最基本的要求，重要的是学生通过学习，使自身的自主学习能力得到有效培养，这种能力的培养和形成是一个循序渐进、长期的过程，必须贯穿教育的始终。三是创新能力，主要包括强烈的创新意识和创新能力。创新意识来自于人对社会的强烈责任感和该领域知识的充分了解，以由此产生的现实与理想的巨大的偏差为动力，从而驱使人产生缩小或消灭这种偏差的欲望。在这种欲望的驱动下，人以丰富的知识为基础，经过不断训练、形成的缩小或消灭这种偏差的能力，亦即创新能力。创新能力的培养应该主要立足于本专业的基础上，创新能力是专业能力快速成长的催化剂；专业能力是创新能力的有效载体；二者相互促进，互为动力。三项基本素质和三项基本能力之间的关系可用图6-3表示：

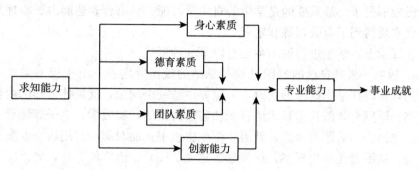

图6-3　基本素质、基本能力关系图

（二）迁移教学法的课堂模式

笔者经过多年实践、探索、总结，迁移教学法在中等职业学校可采用如下操作模式：

第一步：理清思路，学生自主学习。

中等职业学校的学生，一般学习基础比较差，再加上在小学、初中阶段没有接受过自主学习能力方面的训练和培养，其自主学习能力欠缺，这也是造成其学习成绩比较差的重要原因之一，如果一开始就把学习内容全面放开的话，学生可能就会无从着手，不知道学习什么，应该掌握什么，更不要说提出问题、分析问题、解决问题了。因此，在起始阶段，教师要根据学科教材内容特点和学情，将本节课的学习内容的知识体系整理出来，帮助学生先从整体上把握本节内容，然后学生再以个体或小组形式进行自主学习。经过一段时间的训练和培养，当学生自主学习能力达到一定程度后，教师可以粗线条地勾勒知识体系。当学生有能力做到这一点时，教师就只须安排学习任务就行了。这个环节，可以在课堂上进行，也可以在课下进行。在这个阶段，对学生学习过程中遇到的问题，尽量引导他们在组内或桌友之间解决，这样有利于培养学生团队素质、创新意识和创新能力，以及学生分析问题和解决问题的能力。

第二步：学生展示，教师完善评价。

人人都有在别人面前表现自我的欲望，尤其是在同伴面前。展示，其实就是根据学生这一需要采取的一种手段。中等职业学校的学生，在入校前的学习过程中，体验最多的就是失败。展示的目的，是为了让学生通过向全班同学展示自己的学习成果，体验成功的乐趣，这也恰恰是中等职业学校的学生最缺乏的和最渴望获得的体验。反过来，这种成功的体验，又能进一步激发学生自主学习的热情，而这种热情又能使学生自主学习的意识得到进一步强化，进而走向更大的成功。如此下去，就进入了一个良性循环。学生厌学、不学的现象自然就慢慢消失了。最重要的是学生的自主学习能力、语言表达能力、心理及其他综合素质得到了有效训练和培养。

在课堂上，学生进行展示主要有以下 9 种形式：

1. 板书　板书自己的解题过程及总结的规律等内容。由于板书需要一定的时间，所以在采用这种形式时，一定要注意一个问题，就是什么样的内容需要板书？原则有 3 条：①只用语言无法表达清楚的，如数学、电子等课程中的公式、电路图、解题过程等，就需要学生去板书；而对那些只用语言就能表达清楚的，就不要让学生板书，如概念、定义。②对于语言性课程，如语文、英语；另外，还有专业课中的理论部分，需要进行总结加工的内容，可以进行板书，而对那些不需要总结或者只是简单地从课本上摘抄下来的内容，就不需要板书。③对于需要板书的内容，尽量要做到规范、精练。如解题步骤要规范，对总结性的内容要条理、精练。

2. 阐述　解释自己的解题思路、解题方法、自己总结的规律、语文课中的文言文翻译、英语中的课文翻译、专业课的实践结果等内容。在具体的操作过程中，有些教师让 A 学生去板书、操作，而让 B 学生去阐述结果，好像是让更多的学生参与了课堂，其实这样做是不太合适的，因为 A 学生的解题思路，B 学生未必能理解，让 A 学生自己去讲，效果会更理想。

在这个阶段展示者切忌模仿教师向其他同学提问。

3. 质疑　质疑主要有两种形式：一是展示者针对自己的展示内容向别人征求不同的见解，A 同学对某个问题解答完毕后，向其他同学质疑，看大家有没有疑问，或者有没有更好的答案和方法；二是其他同学对展示者的展示内容提出疑问，例如，A 学生对某个问题进行了解答，其他有疑问的同学就可以向 A 同学质疑，要求 A 同学给予解答。

4. 纠错　由其他同学对展示内容错误的地方进行纠正，如果学生没能纠正的，教师可以去纠正，但纠错的原则是先学生，后教师。

为什么要先学生后老师呢？主要是因为学生之间交流的亲和性一般要高于老师。老师与学生年龄差别一般较大，存在交流亲和的差异，这一点，一般不容易被教师所关注。同一年龄段的人，交流起来其亲和性会更强，比如，两个婴儿，一个向另一个要东西，他把手向对方面前一伸，对方就会毫不犹豫地把自己握着东西的手藏到身后，尽管他什么也不会说。但是，如果他的父母用成人的语言说"把东西给我"，恐怕婴儿不会有反应，除非也做出"伸手要"的姿势，"伸手"，这就是婴儿之间交流并能被对方所能理解的"语言"。在小学低年级阶段，教师还能照顾到这种因年龄差异而造成的语言交流障碍，随着年龄的增长，教师渐渐忽略了这种障碍，但并不能说明这种障碍不存在。中等职业学校的学生与普通高中学生相比，这种障碍更明显。

5. 补充　对展示者展示内容不完整的地方进行补充、完善，或者对其不完美的思路、方法进行优化。原则上也是先学生，后教师。

6. 合作　对一些难度较大的学习内容，引导学生以学习小组为单位进行合作，通过交流、讨论达到解决问题的目的。合作，其实主要是让学生在没有教师在场的时候进行的，因此这种方式主要是在课下进行。如果在课下进行了有效的合作，在课堂就很少需要这种方式了。

7. 操作　对一些实践性内容进行实际操作，可以单人进行，也可以多人合作。

8. 挑战　不同的学习小组针对同一内容进行速度比赛，或者在同一时间不同小组之间对不同任务进行速度比赛。

9. 表演　对学习内容进行角色分工，以表演形式创设学习情境；或者根据学习内容对学生进行专业技能培养，如语文中的朗诵、幼教中的幼师技能表演等。在设计这种形式展示时，一定要根据学习内容的需要进行设计，目的要明确，切忌只是为了图热闹，舍本逐末。

当然展示的形式可能还有很多，教师可以根据需要去发挥、创新。这些形式也不是说每节课用得越多越好，而是要根据需要进行选择、组合。在进行课堂设计时，原则是在保证学习效果的前提下，尽可能地做到简练。

在课堂上，教师的作用，主要体现在以下 6 个方面：

1. 准确把握学情，明确每节课的学习目标　准确把握学情，是一节课成功的基础和前提，而对学习目标的准确定位，是一节课价值成功实现的保证。怎么样才能做到把握学情呢？可以在课下通过辅导来了解学情，也可以在课前向各组小组长了解学生的预习情况，这都是了解学情的有效途径。通过对学情的了解，来确定本节课的难点，其实也就是教师在本节课中应该关注的重点内容。

2. 引导

（1）引导学生进行高效学习：通过指导学习方法，引导学生通过合作、讨论、交流，使问题最大限度地解决在学生当中。

（2）引导学生归纳、总结本节重点内容、解题规律等。

3. 点拨　对学生没有发现的问题、学生无法解决的问题和学习方法进行点拨，当然包括重点、难点。学生在学习的过程中，可能会漏掉一些知识点。比如，英语课，在让学生自己翻译课文时，学生可能只是把课文翻译成了中文，而对一些语法现象没能引起注意，这时就要求教师及时予以点拨。对学生无法解决的问题，教师要及时伸出援助之手，可以设计辅助问题，也可以通过简化问题的形式来启发、点拨学生。对学习方法的点拨，如语文课，对文学常识中的作者介绍等一些共性的问题，教师就可以帮助学生总结出一些规范来，在作者介绍时，一般是他的写作特点、代表作等就是必不可少的。再比如，文言文中的语法现象，宾语前置、定语后置等如何识别和处理，学生掌握了这些规律，在学习时就方便了很多，当然效率也就提高了。

4. 点评、激励　对学生的展示情况予以及时、准确的点评，在点评时，可以先引导其他学生进行点评，对学生点评不到位时，教师予以补充。对学生的展示结果要进行客观表扬。表扬的目的，是为了让学生以后更积极地参与。表扬其实也是一门艺术，对不同性格的学生要用不同的方式，但有一点是不变的，那就是表扬一定要出自真心实意，恰如其分。比如，对那些经常惹老师生气的学生和不经常参与展示的学生，你用一句"看到你的成功，老师很高兴"，就足以让学生兴奋半天。

5. 控制课堂的节奏和方向　控制节奏，是为了提高课堂时间的利用效率，当学生完成一个学习任务时，要及时提出下一个学习任务；当大多数学生对某一个问题的学习出现困难时，要及时调整节奏，给他们留下相对宽裕的时间。如果还有困难时，教师就要及时伸出援助之手；控制方向，是防止学生的学习活动偏离学习的主轨道。

6. 关注全体学生　对参与展示的学生情况进行记录，关注那些不太主动参与的学生，尽可能做到全员参与，一节课无法做到全员参与，就以一周、一个月为周期进行人为干预。

在这种新的教学理念指导下的课堂中，教师不要怕学生出问题，学生提出的问题越多，只要教师能找出合理的解决办法，其课堂就越精彩，课堂效益也就越高。

第三步：学生练习，检测学习效果。

可以通过课堂练习和作业来完成对学生学习的效果检测、评估。在设计课堂练习题或布置作业时，教师要尽量少出教材原始知识再现的习题，而要多出一些能体现原始知识应用的问题，使学生能在课堂收获的基础上有所提高，使其应用能力得到拓展。

三、迁移教学法案例一：花卉育苗技术概述

（一）应用

1. 教学对象　中等职业学校＊＊＊学生。

2. 学习目标

（1）掌握花卉的播种育苗技术和营养繁殖育苗技术。

（2）通过对本节内容的学习，培养学生的自主学习能力和合作、交流能力。

3. 学习内容

（1）播种育苗技术　①种子的采收与贮藏；②露地育苗；③穴盘育苗。

（2）营养繁殖育苗技术　①扦插繁殖；②嫁接繁殖；③分株繁殖；④压条繁殖。

4. 教学媒体　多媒体。

5. 实施过程和步骤

第一步：理清思路，学生自主学习。

教师：同学们，本章内容主要讲的是花卉繁殖中主要的两类育苗技术：第一类是播种育苗技术，也称为有性繁殖技术，这部分内容，主要包括种子的采收与贮藏、露地育苗、穴盘育苗三点内容，第一点讲的是种子的采收与贮藏，第二点和第三点讲的是种子育苗的方式。第二类是营养繁殖技术，也称为无性繁殖技术，主要讲了 4 种以营养器官繁殖方式。

［屏幕上同步显示"学习内容"这个板块］

下面大家开始预习，预习要求：（1）先以问题为单位，分读课文，找出知识点，将知识点串成串，并理解、掌握；（2）通读全文，找出各个问题之间的联系，绘制知识模块。

［屏幕上同步显示"（1）先以问题为单位分读课文，找出知识点，将知识点串成串，并理解、掌握；（2）通读全文，找出各个问题之间的联系，绘制知识模块"］

［学生预习教材，并做预习笔记，教师巡回指导，直到学生完成预习任务］

教师：下面，哪位同学能给大家讲解一下第一个问题？

第二步：学生展示，教师完善评价。

［学生 A 对"（1）播种育苗技术"进行了详细讲解，并对知识要点进行了板书，但是在讲"③穴盘育苗"时，讲解不够清楚］

教师：A 同学对这部分内容掌握得不错，思路比较清晰，讲解语言也比较精练。大家仔细想一想，看还有需要补充的吗？

［学生 B 对"③穴盘育苗"进行了补充讲解］

教师：同学们，大家说，这两位同学讲解得完整不完整？

学生集体：完整！

教师：请大家鼓励一下！

［大家一起鼓掌］

教师：刚才 A 同学和 B 同学一起为大家讲解了第一个问题，哪位同学对这一部分内容还有问题？［环顾一周，没发现有同学举手］，下面哪位同学给大家讲解一下第二个问题？

［学生 C、D、E 和 F 对"（2）营养繁殖育苗技术"中的"①扦插繁殖""②嫁接繁殖""③分株繁殖"和"④压条繁殖"进行了讲解，讲解比较清楚，教师对他们的表现分别予以点评、表扬］

第三步：学生练习，检测学习效果。

［教师把本节课的练习题显示于屏幕上，并以抽样的方式（参加展示的同学不在抽样范围），对 6 名学生进行检测，除 1 名回答不够全面外，其他 5 名学生基本能够准确回答了教师提问的问题］

6. 教学效果评价　本节课，学生在展示时，能比较系统地把知识体系总结出来，比第一次展示时，无论从心理素质还是从语言表达方面，都有进步。但是，展示也暴露了一些问题，例如，在学生展示时，其他学生却在看书，这样，学生展示的作用就只是体现在了鼓励学生预习的方面；除此之外，我认为展示应该有更大的作用，那就是还应该起到检测学生预习效果的功能，为使这一功能能得到发挥，在学生展示时，要求其他学生合上书本，要根据展示者的思路，来联想自己的预习内容，看能想起来多少，还有多少没能想起来，如果学生能做到这一点的话，展示的作用就能发挥得更大了。

采用"迁移教学法"进行课堂教学，基本实现了本节课的预期学习目标。

（二）应用分析

第一，在开始采用"迁移教学法"学习时，由于学生没有接触过专业方面的知识，再加上学生的自主学习能力还处于起步阶段，他们的合作能力还缺乏基础。因此，要把"预习"阶段放在课堂上，这样对学生存在的问题，教师可以随时提供帮助。

第二，要坚定学生把知识点串串、形成一个有机整体的目标，不能动摇。练习的作用，可以起到巩固的作用，但也有破坏将知识模块分割的负面效应，因此在学生进行这一遍学习过程中，不能把练习当成主要的巩固手段。但可以通过发挥展示的检测功能来弥补这一漏洞。

第三，采用这种教学方法，不要拘泥于传统课堂"学时"的限制，可以是一个学时一节课，也可以是两个学时、三个学时一节课。至于如何规划课堂，教师可以根据教材内容和学生的学习特点来决定。

四、迁移教学法案例二：果树嫁接繁殖技术

（一）应用

1. 实训对象　中等职业学校＊＊＊学生。

2. 实训目标

（1）掌握果树的劈接育苗技术。

（2）通过本节实训，培养学生的自主学习能力和合作、交流能力及创新思维。

3. 材料用具　嫁接刀、剪枝剪、塑料绑条、砧木、接穗、创可贴。

4. 实施过程和步骤

（1）教师将嫁接刀的使用方法和嫁接过程应注意的安全事项给学生讲解清楚。

教师：同学们，本节课是花卉嫁接育苗的实训课，主要是劈接训练。在操作过程中，大家一定要注意安全：一是要采用正确的操刀方式［教师边说边演示］，不要伤到自己的手；二是在切削接穗时，削面要平滑，一定要注意用刀的部位；三是在劈开砧木时，一定要注意两只手的配合，以防刀划伤手；四是在操作时，不要和其他同学对脸，以防在削接穗时，嫁接刀划伤对方。

（2）把学生划分若干小组，安排实训任务，教师巡回指导。

教师：下面以划分的小组为单位，进行操作训练，每个小组要交一个嫁接质量比较好的作品和一个有问题的作品，并做好标记。大家要先制定好嫁接操作程序，然后再进行具体操作。

（3）以小组为单位，讨论，确定劈接操作程序。

［教师巡回指导］

（4）学生操作，教师选出嫁接操作规范和不规范的学生及其成品，然后让他们去给大家示范，让其他学生点评，分析其不规范的操作点。

［在学生操作的过程中，教师巡回指导。操作结束后，选出嫁接质量最好的作品，让该作品的操作者去给大家演示。然后，再选出存在不同问题的3个作品，分别让其操作者去演示，让其他同学找出操作中存在的问题，并让其他同学去点评、纠正。］

（5）在学生点评结束后，教师进行归纳、总结，并进行操作示范。

教师：同学们，通过上面4位同学的展示，尤其是3位出现问题的同学的演示，大家不难看出，劈接容易出现问题的环节有3个：第一，操刀的姿势，

如果不正确，就会导致接穗的切面不平滑，容易出现凹面，这样在嫁接时，砧、穗之间就会出现明显的缝隙，不利于伤口愈合，使成活率下降；第二，就是在将接穗插入砧木切口时，至少要保证有一侧形成层对齐，不然的话，也会影响成活；第三，在绑缚的时候，一定要做到密、紧。下面我给演示一下劈接的操作过程，请大家注意看。

[教师边操作，边讲解，直到完成]

教师：同学们，还有问题吗？

学生：没有。

教师：好，如果哪位同学还有问题，课下可以和组内同学或桌友进行交流，也可以问老师。希望各组同学，课下再将自己的操作程序完善一下。实训，课堂上只能解决会不会的问题，要想提高嫁接的速度和成活率，还需要大家在课下多练习。

（6）学生完善自己的操作程序，继续进行嫁接训练

5. 教学效果评价　这种教学方法应用于实训课上，先由学生进行探索实训技能，学生出现了问题，教师再引导学生进行纠错，学生既掌握了技术，又使他们的自主学习能力和创新思维得到了有效训练，实现了预期的实训目标。

（二）应用分析

迁移教学法，在实训课上的具体操作程序是：学生预习——学生操作——学生示范——学生点评——教师归纳——教师示范——学生训练，这是由实训课的本质决定的。但是分析一下不难发现，这种程序的主体仍然是：学生预习——学生展示，教师引导点评、完善——检测，其本质和理论课的操作程序是一致的。

在实训课上采用这种教学方法，由于教师示范是在学生探索之后，必须保证学生在实训过程中的安全，这就要求教师在实训前把学生在操作过程中可能会出现的问题考虑全面，并在每次实训之后，对突发的问题进行记录、备案，以便在以后的实训教学中计划更周密、安全。

笔者在实践迁移教学法的过程中，深切地认识到，要想成功应用迁移教学法，教师必须做到以下几方面：

第一，教师要有意识地培养学生总结、归纳教材内容的能力。由知识向能力的迁移过程，是一种内化的过程，必须由学生自己积极、主动参与到学习过程中来才能完成这一过程。在这个过程中，教师可以提供帮助，但无法代替学生完成这一过程。要成功采用迁移教学法，要求学生必须有相应的对教材进行总结、归纳的能力做基础，否则是无法实现预期目标的。

第二，教师要正确对待学生之间的差异，关注每一个学生，切忌把课堂变

成少数学生的舞台。在教学过程中，教师要正确对待学生之间在能力方面的差异，尊重这种差异，平等对待每一个学生，是这种教学方法能够正常实施的前提条件。在中等职业学校的学生中，这一点显得尤为重要。而要做到这一点，要求教师树立正确的学生观，这种学生观的核心有两点：一是正确看待造成学生学习成绩存在差异的原因。学生只有起点不同，没有聪明和愚笨之分，每一个学生都是可以培养的人才，在学习的过程中，之所以会出现差生，是因为他们没有学会学习，只要教师引导得当，学生都会取得好成绩的。二是科学构建衡量学生进步的参照体系。学生进步大小，不能只用他人做参照系，进行"他比"，更重要的是以学生个体来进行"自比"，也就是以学生的昨天做参照系，用今天在学习方面的成长与昨天的起点对比，以学生自己的"现在"与"过去"进行对比，以衡量学生的进步。

评价这种教学法引领的课堂，是不是取得了成功，关键在于是不是每个学生都取得了最大限度地进步。因此，要求教师必须关注每一个学生，如果每一节课或者大多数课堂都是由少数学习成绩好的学生去展示，这种课堂就是失败的，要防止把课堂变成少数学生的舞台。

第三，教师要善于发现学生的进步和成功，并及时对学生取得的进步和成功给予赏识、表扬。中等职业学校的绝大多数学生在入学之前，几乎是生活在受歧视和冷落的氛围中，很少得到老师的赏识和表扬。由于长期处于这样的学习环境中，这些学生与普通高中的学生相比，缺乏自信，自卑心理较重，失败感较强。这就要求教师在教学过程中，要善于发现学生的进步和成功，并对学生取得的进步和成功给予赏识、表扬，即使这种进步和成功是微不足道的。只有这样，学生才能逐步恢复自信，学生学习的主动性和积极性才能得到培养和训练，迁移教学法才能在课堂上发挥其最大的作用。

第四，采用迁移教学法，由低级到高级，由精细到粗放，需要一个渐进的过程。基于中等职业学校学生的特点，实施迁移教学法，不可能一蹴而就，教师必须根据学生的自主学习能力成长情况，逐步加大难度，由不放手到半放手，再到全放手，这需要一个过程。

7

第七章　信息技术教育教学新模式

随着互联网＋时代的到来，我国教育信息化进程在不断加速，出现了众多基于网络信息交互的新教学模式。在《国家中长期教育改革和发展规划纲要（2010—2020 年）》指出："信息技术对教育发展具有革命性影响，必须予以高度重视。"近年来，几种由国外引进的"微课""幕课""翻转课堂"等信息化教学新模式得到了迅猛发展。这些教学课程将传统教育与网络信息技术结合，颠覆以往的教学方法，整合多样教学资源，大力推动了教育信息化的发展与普及化。

目前，基于大数据时代、面向社会开放的各种网络教学课程井喷式涌现，这种发展态势将优质的教育通过信息技术与网络技术被送到了世界各地的学习终端，展示出现代教育信息化过程中的无限可能性。这些教学新模式、新方法将引发一次教育改革风暴，会对高等教育产生重大的影响，对高等教育、职业教育的教师信息化教学的素质也带来了重大挑战。因此，值得各行各岗位的教育工作者充分地关注，并及时地把握时代的脉搏，学习信息技术教育教学新模式。

第一节　微课、幕课、翻转课堂的概念

一、微课

（一）微课的概念

"微课"又称作"微型课程"，是指按照新课程标准及教学实践要求，以视频为主要载体，记录教师在课堂内外教育教学过程中围绕某个知识点（重点、难点、疑点）或教学环节而开展的精彩教与学活动全过程。"微课"的核心组成内容是课堂教学视频（课例片段），同时还包含与该教学主题相关的教学设计、素材课件、教学反思、练习测试及学生反馈、教师点评等辅助性教学资源，它们以一定的组织关系和呈现方式共同"营造"了一个半结构化、主题式的资源单元应用"小环境"。因此，"微课"既有别于传统单一资源类型的教学课例、教学课件、教学设计、教学反思等教学资源，又是在其基础上继承和发

展起来的一种新型教学资源。

（二）微课的起源

微课最早出现于美国，随后逐渐被其他国家所接受并开始广泛流行。早期，微课被称为"微型课程"，是美国阿依华大学附属学校于 1960 年首先提出，同时它也被称之为短期课程或课程单元。微课既能适应不同学生的兴趣与需要，又可以及时反映社会、科技的发展，同时还能体现学科课程的特点。微课中的单元，并不是根据学科的知识及逻辑系统来划分，而是根据教师和学生的兴趣以及主体社会活动的经验、教师能力、社会发展的需求来设计制定的。

而现代微课的雏形最早见于美国北爱荷华大学的有机化学勒鲁瓦教授（LeRoy A. McGrew）在 1993 年提出的"60 秒有机化学课程"，目的是让非科学专业人士在非正式教学的场合中也能了解化学知识，并希望将之运用到其他学科领域。

2008 年，美国新墨西哥州胡安学院（San Juan College）的高级教学设计师、学院在线服务经理戴维·彭罗斯（David Penrose）正式提出了微课这一概念，并运用于在线课程。他认为，微课是一种以建构主义为指导思想，以在线学习或移动学习为目的，基于某个简要明确的主题或关键概念为教学内容，通过声频或视频音像录制的 60 秒课程。

（三）国外微课的发展现状

微课不仅可利用在在线教学、混合式教学、远程教学等层面，也能为学生提供自主学习资源，让学习者不受时间和空间约束，利用片段时间地进行学习与巩固知识。目前在发达国家发展较好，世界范围内影响较大的微课终端主要有"可汗学院"与"TED"等。

1. 可汗学院　可汗学院是由孟加拉裔美国人萨尔曼·可汗创立的一家教育性非营利组织。该组织利用在线影像进行免费授课，向世界范围内的学习者提供免费的高品质在线教育。可汗学院模式是目前被采用并模仿最多的微课形式，他的课程每节课大约 10min，教学目标明确且图文生动，力求清晰简明地讲解。一些国家已经将可汗学院引入教学，中国部分学校也模仿这种课程教学模式自己设计并录制后让学生自学。

2. TED　TED（指 Technology，Entertainment，Design 在英语中的缩写，即技术、娱乐、设计）是美国的一家私有非营利在线教育机构，在线上推出针对于教育的视频频道。大部分教学内容都短于 18 分钟，但 TED 中的演讲已经吸引了数十亿多的点播次数，目前通过 TED 的在线课程，推动了全球化的教育教学方式转变。TED 演讲的特点是毫无繁杂冗长的专业讲座，观点明确，开门见山，学科种类多，论点新颖，论述富有逻辑，比传统课堂更能够吸引学习者学习兴趣，在全球拥有巨大影响力。

（四）国内微课的发展现状

从 2010 年 11 月起佛山市教育局启动了首届中小学新课程优秀微课征集评审活动后，各级学校和广大教师对这种新型的资源建设和应用模式表现出极大的热情和兴趣。每一届都吸引了大量的教师参与此项活动，内容覆盖了小学、初中和高中各学科的教学重点、难点和特色内容，教学形式丰富，微课类型多样。

目前国内最具影响力的中小学微课资源网站是"中国微课网"，它是国家教育部教育管理信息中心主办的首届"中国微课大赛"而创办的资源平台，现有上万件微课作品，涉及中小学各学科内容。此外，在国内高校微课资源网站的全国高校微课教学比赛，为师生提供了大学课程的微课平台。

在我国，微课迅速突破了传统的教学模式，得到了突飞猛进的发展，出现了众多优秀的网络微课平台，如"网易公开课""佛山微课""百度课堂"等。在微课教学中，教师使用微课进行教学与课后反馈，更利于教师的课堂教学与总结；学习者利用微课既可查缺补漏，又能强化巩固知识，满足学习者的个性化学习需求。随着网络信息技术快速发展，学习者更加希望能够利用碎片化的时间进行分散时段学习，微课以它短小精悍的优点，成为一种新型的教与学方式，前景一片大好。因此，我们应该合理地利用微课教学，提高教学质量，提升教学效果，促进师生共同进步。

二、幕课

（一）幕课的概念

幕课（MOOC）是"Massive Open Online Course"的缩写，翻译成中文的意思是"大规模网络开放课程"。从理论上讲，Massive（大规模的）是指对课堂注册人数没有限制，用户数量级过万；Open（开放的）是指任何人均可参与学习，并且通常是免费的课程；Online（在线的）是指学习活动主要发生在网上，时间地点充分自由化；Course（课程）是指在某研究领域中围绕一系列的学习目标结构化内容。

（二）幕课的起源

2008 年，幕课（MOOC）这一术语由加拿大爱德华王子岛大学（University of Prince Edward Island）的戴夫·科米尔（Dave Cormier）和国家人文教育技术应用研究院高级研究院的布赖恩·亚历山大（Bryan Alexander）根据网络课程的教学创新实践提出。阿萨巴斯卡大学（Athabasca University）

技术增强知识研究所副主任乔治·西门思（George Siemens）与国家研究委员会高级研究员斯蒂芬·道恩斯（Stephen Downes）设计和领导了这门在线课程，即"关联主义和关联知识"（"Connectivism and Connective Knowledge"），这门课原是为 25 名来自曼尼托巴大学（Athabasca University）的付费学生获取学分而设，同时来自世界各地的 2 300 名学生选修了这门课。该课程以周为单位开展主题交流，每周的主题不一，并提供相应的学习材料。学习者可以自由选择学习工具，如 Moodle 在线论坛、博客、第二人生和同步在线会议，围绕主题进行讨论、交流和共享学习资源。所有的课程内容可以通过 RSS 订阅。

2011 年年底，美国斯坦福大学试探性地将 3 门课程免费布到网上，其中一门包括吴恩达（Andrew Ng）教授的"机器学习"（Machine Learning），超过 10 万来自世界各地的学生注册了这门课。网络学习者对试探性课程的广泛认可和参与促使两位美国斯坦福大学计算机学家达芙妮·科勒（Daphne Koller）和吴恩达共同创办了 Coursera（意为课程的时代）。12 所综合研究型大学将加入该公司的项目，Coursera 旨在同世界顶尖大学进行合作，在线提供免费的网络公开课程。这 12 所大学为：加州理工学院、杜克大学、佐治亚理工学院、约翰·霍普金斯大学、莱斯大学、加州大学旧金山分校、伊利诺伊大学厄本那——香槟分校、华盛顿大学以及弗吉尼亚大学，海外合作院校包括苏格兰爱丁堡大学、加拿大多伦多大学以及瑞士洛桑联邦理工学院。截至 2012 年，Coursera 的合作院校已经扩大为 33 所，都是世界著名高校。与 Coursera 进行合作的院校的实力让 Coursera 在高等教育领域获得了信任，也树立了威望，而且信任之深、威望之高、影响之大让一些大学校长开始担心，如果不与 Coursera 签约合作自己学校的声誉就会受到影响。在扩充前，Coursera 就已经有 68 万名学生注册了 43 门课程。2012 年秋天，Coursera 计划提供 100 门甚至更多免费的"大规模开放式网络课程"——幕课（MOOC），预计会吸引全球数以百万计的学生和成人学员进行网上课程学习。

2012 年 6 月，美国麻省理工学院和哈佛大学联合投资创建了 EDX，德克萨斯大学和加利福尼亚大学伯克利分校后来加入其中。本项目主要有两个目的，一方面是配合校内教学，提高教学质量和推广在线教育；另一方面是通过学生学习相关数据分析过程，系统研究现代技术在教学中的应用。自此，幕课发展的风暴席卷全球，世界各地的学生、教师掀起了一股学习幕课、研究幕课的热潮。幕课作为一种新的学习和教学方法，具有上面提到的众多优势，因此，在包括美国在内的许多国家的高等教育中开始受到青睐，并大规模进行推广，至今方兴未艾。

（三）国外幕课的发展现状

1. 国外当前的发展情况

（1）数量增长　国外的幕课机构数量正呈指数级增长，几乎每周都有新的机构进入幕课领域。迄今为止，美国 2003 年排名前 25 的一流大学中有 22 所已经提供了幕课或类似的免费网络课程，其中包括著名的美国哈佛大学、耶鲁大学、麻省理工学院、斯坦福大学等。此外，加拿大、欧洲、亚洲、中东和澳大利亚的诸多名校也正在或者即将提供幕课课程。

（2）应用领域由高等教育向基础教育拓展　随着幕课教育价值的彰显，其应用领域也逐渐由高等教育向基础教育拓展。目前，美国 K-12（从幼儿园到 12 年级的教育）的教育工作者正在研究开放内容利用、学习分析、基于能力的教育和个性化教学，幕课课程将在这些方面发挥重要作用。

（3）课程评价和认证的初步探索　学习者在线完成一门幕课课程后，并通过结课考试，将得到一份电子认证证书，作为学生参与网络学习的成果和肯定。但是，对于像 Coursera 和 Udacity 这种致力于为全球各地的学生提供优质教育的平台来说，如何让学生在平台上学习的付出得到社会认可将是目前幕课面临的重要问题。Coursera 和 Udacity 都在试图与高校合作，学习者在平台上修习的课程可以转换为高校课程的学分。Coursera 中有 5 门课程的学分已经获得美国教育委员会（ACT CREDIT）的官方认可。ACE 官方表示，这是检验幕课长期发展潜质非常重要的一步，同时也是检验这种新教学模式是否能调动全球各地学生完成学业、参与学习的一种方式。而 Udacity 也已经和圣何塞州立大学合作提供 5 门课程的学分认证，并且这些学分可在圣何塞州立大学系统内任意转换。

作为全球最大的公开课平台之一，Coursera 近日又有新的发展趋势，其率先推出微专业专项认证，学习者完成系列课程后，可以获得该学科领域的相关证书，而该证书则可以成为求职、就业中的重要加分凭证。相关业内人士介绍，微专业专项认证的推出标志着幕课在纵深发展中迈出了关键性的一步，这意味着世界名校通过幕课平台开放学位证书将不再遥远。

（四）国内幕课的发展现状

在我国经济飞速发展、互联网技术飞速提高的背景下，已经拥有众多精品课程的在线网络教学平台，都积极向国际知名幕课平台学习，推出各自的幕课系统。目前规模较大的有好大学在线、中国大学 MOOC（幕课）、学堂在线等平台。

1. 好大学在线　2013 年，上海交通大学与全球最大在线课程联盟 Coursera 达成一致，建立合作伙伴关系，向全球提供幕课在线课程。由此，上海交通大学成为加盟 Coursera 的第一所中国内地高校，将和美国耶鲁大学、MIT、斯坦福大学等世界一流大学一起共建、共享全球最大在线课程网络。2014 年 4 月 8 日，上海交通大学的中文幕课平台"好大学在线"正式上线发布，两岸三地四校的 10 门课程首批上线。"好大学在线"上线仪式暨上海西南片高校幕课共建共享合作签约仪式、上海交通大学、百度幕课战略合作签约仪式同时举行。

2. 中国大学 MOOC（幕课）　中国大学 MOOC（幕课）是由网易与高等教育出版社携手推出的在线教育平台，承接教育部国家精品开放课程任务，向大众提供中国知名高校的 MOOC 课程。中国大学 MOOC 的目标是，每一个有意愿提升自己的人都可以免费获得更优质的高等教育。截至 2014 年统计，其中共有北京大学、清华大学等 64 所国内名牌大学携手进行开放幕课课程，目前在国内幕课平台中具有较大影响力。

3. 学堂在线　学堂在线是由清华大学研发出的中文 MOOC（大规模开放在线课程，简称幕课）平台，于 2013 年 10 月 10 日正式启动，2014 年 4 月 29 日，教育部在线教育研究中心成立，学堂在线获得 edX 平台课程在中国大陆的唯一官方授权，面向全球提供在线课程。任何拥有上网条件的学生均可通过该平台，在网上学习课程视频。2013 年 5 月 21 日，清华大学正式加盟由美国麻省理工学院和哈佛大学合作共建的在线教育平台 edX，成为其首批亚洲高校成员之一。学堂在线目前运行了包括清华大学、北京大学、麻省理工学院、斯坦福大学等 60 多所国内外高校的超过 500 门课程，涵盖计算机、经管创业、理学、工程、文学、历史、艺术等多个领域。

二、翻转课堂

（一）翻转课堂的概念

翻转课堂的英语为"Flipped Classroom"或"Inverted Classroom"，指教师创建视频，学生在家中或课外观看视频中教师的讲解，回到课堂上师生面对面交流和完成作业的一种教学模式。翻转课堂不是在线视频的代名词，翻转课堂除了教学视频外，还有面对面的互动时间，学生与教师一起进行有意义的学习活动。视频并不能取代教师，也不能简单地视为在线课程。

（二）翻转课堂的起源

在美国科罗拉多州落基山的一个山区学校——林地公园高中，教师们常常被一个问题所困扰：有些学生由于各种原因，时常错过正常的学校活动，且学生将过多的时间花费在往返学校的巴士上。这样导致很多学生由于缺课而跟不上学习进度。2007 年春天，学校的化学教师乔纳森·伯尔曼（Jon Bergmann）

和亚伦·萨姆斯（Aaron Sams）开始使用屏幕捕捉软件录制 PowerPoint 演示文稿的播放和讲解。他们把结合实时讲解和 PPT 演示的视频上传到网络，以此帮助课堂缺席的学生补课，而那时 YouTube 才刚刚开始。更具开创性的是，这两位教师逐渐以学生在家看视频听讲解为基础，节省出课堂时间来为在完成作业或做实验过程中有困难的学生提供帮助。不久，这些在线教学视频被更多的学生接受并广泛传播开来。此外，翻转课堂的推动还要得益于开放教育资源运动。自麻省理工学院（MIT）的开放课件运动（OCW）开始，耶鲁公开课、可汗学院微视频、TED ED（TED 的教育频道）视频等大量优质教学资源的涌现，为翻转课堂的开展提供了资源支持，促进了翻转式教学的发展。在这些平台中的免费网站提供医学、工学、艺术、数学、历史、金融、物理、化学、生物、天文等多种科目教学视频，很多学生晚上在家观看翻转课堂平台上的教学视频，第二天回到教室做作业，遇到问题时则向老师和同学请教。

（三）翻转课堂的发展趋势与现状

目前，翻转课堂在美国受到很多学校的欢迎。其中主要有两个因素促使该教学模式得到了广泛的应用，一是美国学生在高中毕业后仅有 69％的人顺利毕业。在每年 120 万的学生中平均每天有 7 200 人辍学；二是网络视频在教学中得到了广泛的应用。2007 年有 15％的观众利用在线教育视频进行学习，2010 年增至 30％。在线网络课程不仅涉及历史等文科领域，而且扩展至数学、物理学和经济学等领域。据不完全统计，至今，美国国内已经有 20 个州 30 多个城市在大规模的开展翻转课堂的教学改革实验。从中小学到各高校，翻转课堂的模式已经造成了重大的教育模式、学习模式的变革。我国与 2014 年由清华大学、北京大学、上海交通大学等高校率先研究翻转课堂教学体系，并积极地进行了翻转课堂的实验，取得了阶段性的重要成果，并积极在各大幕课平台开放翻转课堂相关的教学方法与经验，引导了全国翻转课堂热潮。

第二节　微课、幕课、翻转课堂的教学特点

一、微课的特点

面对全球微课的快速发展，在紧跟潮流的同时还要认清我们在发展过程中所遇到的问题与自身不足。可根据对微课教学现状和特点进行分析后，总结出如下几点：

（一）教学时间较短

教学视频是微课的核心组成内容。根据中小学生的认知特点和学习规律，

"微课"的时长一般为 5～8min，最长不宜超过 10min，大学生与成年人适当增加长度，但也不宜过长。因此，相对于传统的 40 或 45min 一节课的教学课例来说，"微课"可以称之为"课例片段"或"微课例"。短小精干的微课，更适宜在如今移动终端发达的情况下，有效地利用学习者破碎的时间段，因此微课才更受广大学生的欢迎。

（二）教学内容较少

相对于较宽泛的传统课堂，"微课"的问题聚集，主题突出，更适合一些类型的课程教学。"微课"主要是为了突出课堂教学中某个学科知识点（如教学中重点、难点、疑点内容）的教学，或是反映课堂中某个教学环节、教学主题的教与学活动，相对于传统一节课要完成的复杂众多的教学内容，"微课"的内容更加精简，因此又可以称为"微课堂"。

（三）资源容量较小

从资源信息量大小上来说，"微课"视频及配套辅助资源的总容量一般在几十兆左右，视频格式须是支持网络在线播放的流媒体格式（如 RM、WMV、FLV、MP4 等），师生可流畅地在线利用多种终端（如笔记本电脑、手机、平板电脑、MP4 等）观摩课例，查看教案、课件等辅助资源；也可灵活方便地将其下载保存到终端设备上实现移动学习、"泛在学习"，非常适合于教师的观摩、评课、反思和研究。

（四）资源组成、结构、构成"情景化"

资源使用方便。"微课"选取的教学内容一般要求主题突出、指向明确、相对完整。它以教学视频片段为主线"统整"教学设计（包括教案或学案）、课堂教学时使用到的多媒体素材和课件、教师课后的教学反思、学生的反馈意见及学科专家的文字点评等相关教学资源，构成了一个主题鲜明、类型多样、结构紧凑的"主题单元资源包"，营造了一个真实的"微教学资源环境"。这使得"微课"资源具有视频教学案例的特征。广大教师和学生在这种真实的、具体的、典型案例化的教与学情景中可易于实现"隐性知识""默会知识"等高阶思维能力的学习并实现教学观念、技能、风格的模仿、迁移和提升，从而迅速提升教师的课堂教学水平，促进教师的专业成长，提高学生学业水平。就学校教育而言，微课不仅成为教师和学生的重要教育资源，而且也构成了学校教育教学模式改革的基础。

（五）主题突出、内容具体

在微课教学中，一个课程就一个主题，或者说一个课程研究一个问题。研究的问题来源于教育教学具体实践中的具体问题，或是生活思考、教学反思、教学难点、教学重点强调、学习策略、教学方法、教育教学观点等具体的、真实的、自己或与同伴可以解决的问题。可以说，微课的设计，应该以主题为引导，围绕着具体问题解决办法的研究进行。

(六) 草根研究、趣味创作

正因为微课课程内容的微小，所以人人都可以成为课程的研发者。也正因为课程的使用对象是教师和学生，课程研发的目的是将教学内容、教学目标、教学手段紧密地联系起来，是"为了教学、在教学中、通过教学"，而不是去验证理论、推演理论，所以决定了微课的研发内容一定是教师自己熟悉的、感兴趣的、有能力解决的问题。

(七) 成果简化、多样传播

因为微课设计的内容具体、主题突出，所以研究内容容易表达、研究成果容易转化。也正是因为课程容量微小、用时简短，所以传播形式多样化，无论是电脑上网，还是手机终端、微信微博讨论等，都可以利用在微课的传播手段上。

(八) 反馈及时、针对性强

由于微课能够在较短的时间内集中开展线上授课活动，参加者能及时听到他人对自己教学行为的评价，获得反馈信息。较之常态的听课、评课活动，"现炒现卖"，具有即时性。由于大部分微课是课前的组内"预演"，师生人人参与，互相学习，互相帮助，并且最终共同提高。所以，在一定程度上减轻了教师的心理压力，不会担心教学的"失败"，评教者更不会顾虑评价的"得罪人"，较之常态的评课就会更加客观活跃。

二、幕课的特点

幕课作为一种新型的学习和教学方法，与传统的、曾经在国内风靡一时的大学公开课具有明显的区别。幕课具有易于使用、费用低廉（大部分为免费课程）、覆盖人群广、学习自主、资源丰富等优点。并且同时横跨博客、网站、社交网络等多种平台，此外部分幕课课程虽然没有严格的时间规定，但依然希望参与者能够按照课程的大致时间计划进行学习，以便获得最好的效果。当然也会有各种各样的劣势不容忽视，那么下面就总结一些目前幕课的特点供大家参考。

(一) 完整的课程结构

与传统网络课程相比，幕课除了提供视频资源、文本材料和在线答疑外，还为学习者提供各种用户交互性社区，注重对学生的学习支持服务，关注学生的学习体验。完成课程的学生还可获得证书，选择特定课程的学生并可获得学分，比一般性网络课程来说，大大增加了课程的体验感受与结构的完整性。

（二）重视学习路径导航

幕课在课程开始前，授课教师一般以邮件的方式告知课程开始时间和相应的学习准备，并发布在平台公告上。课程材料发布以周为单位向前推进，学习资源以学习过程的纵向需求进行分布，学习者很容易找到本单元学习所需要的学习材料、测试内容、讨论版等。为了方便学习者及时获悉课程动态，授课老师会将课程的任何动态以邮件和公告两种途径通知学习者。因此，学习路径的导航也是幕课设计中的重要因素之一。

（三）及时的学习过程反馈

幕课的测试方式有两种，分别是基于视频的嵌入式测试和单元测试，测试题目大多数以客观题为主。幕课利用机器测评的方式及时反馈测评结果，学生可以及时地了解自己的学习成果。教师根据学生的测试结果分析学生的掌握程度并给予个性化的学习反馈和学习资源推荐。如由杜克大学丹·艾瑞里（Dan Ariely）开设的"非理性行为学"这门课会针对学生的学习问题以座谈的形式录制下来给予学生反馈。

（四）授课团队的无私投入

调查显示，幕课授课老师在开课之前平均需要花费 100 个小时进行课前准备，在开课过程中，每周需要花费 8 个小时为学生解答在学习过程中的疑惑。而通常每门幕课至少有 1 位助教，为学生的学习过程提供反馈。一般来说，一门幕课为了吸引来自世界各地的学生参与到课程的学习当中来，并满足个性化学习需求的学习者，需要课程设计团队在前期投入大量的时间和精力。在幕课课程运行过程中，课程设计团队要根据学生的学习数据分析和反馈，对课程设计进行螺旋式的动态调整。一门精心设计的幕课需要团队化运作方式才能满足学生不断提高的学习需求。

（五）教学视频的精致化

幕课促进教学视频的精致化发展。首先，幕课视频的时长一般控制在 5～15 分钟之间，便于突出教学重点、要点和难点，从而降低认知负荷、提高注意力和加工深度。其次，根据不同的教学意图，灵活设计视频表现形式。举例课堂幕课设计场景：利用电脑屏幕模拟黑板，展示植物生长周期推导过程；利用镜头或图片清楚拍摄实验过程；利用动画模拟演示刺激的反应过程；利用真实外景拍摄引导现场考察；利用"近景"展示授课教师的表情甚至微表情，以增强教学的临场感、参与感。第三，内嵌小型的交互测试或仿真实验，以便即时检查课堂学习效果。第四，对学生在视频操作中所产生的行为数据进行跟踪记录、推理分析和意义挖掘。

三、翻转课堂的特点

传统教学过程通常包括知识传授和知识内化两个阶段。知识传授是通过教师在课堂中的讲授来完成，知识内化则需要学生在课后通过作业、操作或者实践来完成的。在翻转课堂上，这种形式受到了颠覆，知识传授通过信息技术的辅助在课后完成，知识内化则在课堂中经老师的帮助与同学的协助而完成的，从而形成了翻转课堂。随着教学过程的颠倒，课堂学习过程中的各个环节也随之发生了变化。传统课堂和翻转课堂各要素的对比情况见表7-1。

表7-1   传统课堂与翻转课堂中各要素对比表

	传统课堂	翻转课堂
教师	知识传授者、课堂管理者	学习指导者、促进者
学生	被动接受者	主动研究者
教学形式	课堂讲解＋课后作业	课前学习＋课堂研究
课堂内容	只是讲解传授	问题探究
技术应用	内容展示	自主学习、交流反思、协作讨论工具
评价模式	传统测验	多角度、多方式测验

如果我们对比传统课堂与翻转课堂的要素，从教学交互的老师和学生多角度思考，可总结出翻转课堂的主要特点如下：

（一）教师角色的转变

翻转课堂使得教师从传统课堂中的知识传授者变成了学习的促进者和指导者。这意味着教师不再是知识交互和应用的中心，但他们仍然是学生进行学习的主要推动者。当学生需要指导的时候，教师便会向他们提供必要的支持。自此，教师成了学生便捷地获取资源、利用资源、处理信息、应用知识到真实情境中的脚手架。

伴随着教师身份的转变，教师迎来了发展新的教学技能的挑战。在翻转课堂中，学生成为了学习过程的中心。他们需要在实际的参与活动中通过完成真实的任务来建构知识。这就需要教师运用新的教学策略达成这一目的。新的教学策略需要促进学生的学习，但不能干预学生的选择。教师通过对教学活动的设计来促进学生的成长和发展。在完成一个单元的学习后，教师要检查学生的知识掌握情况，给予及时的反馈，使学生清楚自己的学习情况。及时的评测还便于教师对课堂活动的设计做出及时调整，更好地促进学生的学习。

（二）课堂时间重新分配

翻转课堂的第二个核心特点是在课堂中减少教师的讲授时间，留给学生更多的学习活动时间。这些学习活动应该基于现实生活中的真实情境，并且能够让学生在交互协作中完成学习任务。将原先课堂讲授的内容转移到课下，在不减少基本知识展示量的基础上，增强课堂中学生的交互性。最终，该转变将提高学生对于知识的理解程度。此外，当教师进行基于绩效的评价时，课堂中的交互性就会变得更加有效。根据教师的评价反馈，学生将更加客观地了解自己的学习情况，更好地控制自己的学习。

学习是人类最有价值的活动之一，时间是所有学习活动最基本的要素。充足的时间与高效率的学习是提高学习成绩的关键因素。翻转课堂通过将"预习时间"最大化来完成对教与学时间的延长。其关键之处在于教师需要认真考虑如何利用课堂中的时间，来完成"课堂时间"的高效化。

（三）重新建构学习流程

通常情况下，学生的学习过程由两个阶段组成：第一阶段是"信息传递"，是通过教师和学生、学生和学生之间的互动来实现的；第二个阶段是"吸收内化"，是在课后由学生自己来完成的。由于缺少教师的支持和同伴的帮助，"吸收内化"阶段常常会让学生感到挫败，丧失学习的动机和成就感。"翻转课堂"对学生的学习过程进行了重构。"信息传递"是学生在课前进行的，老师不仅提供了视频，还可以提供在线的辅导；"吸收内化"是在课堂上通过互动来完成的，教师能够提前了解学生的学习困难，在课堂上给予有效的辅导，同学之间的相互交流更有助于促进学生知识的吸收内化过程。

（四）复习检测方便快捷

学生观看了教学视频之后，是否理解了学习的内容，视频后面紧跟着的4~5个小问题，可以帮助学生及时进行检测，并对自己的学习情况做出判断。如果发现几个问题回答得不好，学生可以回过头来再看一遍，仔细思考哪些方面出了问题。学生对问题的回答情况，能够及时地通过云平台进行汇总处理，帮助教师了解学生的学习状况。教学视频另外一个优点，就是便于学生一段时间学习之后的复习和巩固。评价技术的跟进，使得学生学习的相关环节能够得到实证性的资料，有利于教师真正了解学生。

（五）学生角色的转变

随着网络信息技术的发展，教育进入到一个新的时代，一个学生可以进行自我知识延伸的时代。教育者可以利用技术工具高效地为学生提供丰富的学习资源，学生也可以在网络资源中获取自己所需的知识。在技术支持下的个性化学习中，学生成为自定步调的学习者，他们可以控制对学习时间、学习地点的选择，可以控制学习内容、学习量。然而，在翻转课堂中，学生并非完全独立地进行学习。翻转课堂是有活力的并且是需要学生高度参与的课堂。在技术支持下的协作学习环境中，学生需要根据学习内容反复地与同学、教师进行交互，以扩展和创造深度的知识。因此，翻转课堂是一个构建深度知识的课堂，学生便是这个课堂的主角。

第三节　微课、幕课、翻转课堂的设计与应用

一、微课课程设计与制作步骤

（一）摄像工具拍摄

第一步，针对微课主题，结合微课教学特点，根据学科特色，进行详细的教学设计，形成微课教案。

第二步，利用黑板或白纸展开教学过程，也可利用多媒体，使用便携式录像机（数码照相机、或手机等拍摄设备）将整个过程拍摄下来。

第三步，对视频进行简单的后期制作，可以进行必要的编辑和美化辅助微课教学内容的良好展现。

（二）录屏软件录制

第一步，针对所选定的教学主题，搜集教学材料和媒体素材，制作 PPT 课件。

第二步，在计算机中安装录屏软件（如 Camtasia Studio、Snagit 或 Cyberlink YouCam）。

第三步，在电脑屏幕上同时打开视频录像软件和教学 PPT（Word、画图工具软件或手写板输入软件等），执教者带好耳麦，调整好话筒的位置和音量，并调整好 PPT 界面和录屏界面的位置后，单击"录制桌面"按钮，开始录制。执教者一边演示，一边讲解，可以配合标记工具或其他多媒体软件或素材，尽量使教学过程生动有趣。

第四步，保存录制好的教学视频，对录制完成后的教学视频进行必要的编辑和后期美化。

二、幕课设计制作案例

（一）电脑安装硬件和软件

第一，通常制作幕课，我们要使用台式机电脑进行终端处理，因为视频课程的渲染和输出将会需要更快速的计算机运转速度。

第二，准备耳麦、摄像头、手写板等必要的设备仪器（笔记本电脑通常自带耳麦、摄像头）。

第三，确定系统版本为 WIN7 以上（建议 64 位电脑运行），安装 Office

2013 以上版本与 Office MIX 等相关演示软件或其他录制屏幕的软件。

（二）幕课制作方法

第一，准备好授课内容，设计好幕课授课结构，准备齐全相关素材。

第二，开始制作，打开 Office MIX（图 7－1）。

图 7－1 打开 Office MIX

第三，选择录制按钮（图 7－2）。

图 7－2 录制按钮图

第四，选择摄像头（图 7－3）。

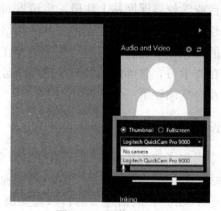

图 7－3 摄像头选项

第五，根据课程设计，面对镜头开始讲课。

第六，课程讲授完毕，点击停止。

图 7－4 停止键选项

第七，关闭 MIX 操作界面，录制完成。

图 7-5　关闭键选项

（三）幕课制作注意事项

1. 在录制的时候用这个"Next"按钮去播放下一张幻灯片或幻灯片里面的动画。

2. 当点击完成按钮之后，系统会自动将每一页讲解的视频和音频按页分开。

3. 您可以在 PPT 内直接拖动视频/音频的位置和画面的大小。

4. 当录制不理想时，你可以选择某一页或某几页重新录制，这样可以不用整个重录。

（四）上传幕课

第一，在幕课平台或学校幕课网站上注册，申请发布幕课权限。

第二，使用发布软件，将幕课内容发布在公共的网络，并做有效的宣传。

第三，将设计好的幕课课下回答的问题与作业设置在网络系统中。

第四，学生完成在线学习，教师团队及时统计教学数据，观测教学难点与重点的把握情况，并及时反馈到下一轮的课程中去。

三、翻转课堂设计方法

翻转课堂的教学中实现了知识传授和知识内化的颠倒，将传统课堂中知识的传授转移至课前完成，知识的内化则由原先课后做作业的活动转移至课堂中的学习活动。如图 7-6，能简要地描述了翻转课堂实施过程中的课前、课中主要环节，然而适用翻转课堂的学科多偏向于理科类的操作推导性课程，对于文科类课程还需要进一步完善。

（一）课前设计模块

1. 教学视频的制作　在翻转课堂中，知识的传授一般由教师提供的教学视频来完成。教学视频可以由课程主讲教师亲自录制或者使用网络上优秀的开放教育资源。教学视频的视觉效果、互动性、时间长度等对学生的学习效果有着重要的影响。因此，教师在制作教学视频时需要考虑视觉效果、支持和强调主题的要点、设计结构的互动策略等，帮助学生构建内容最丰富的学习平台，

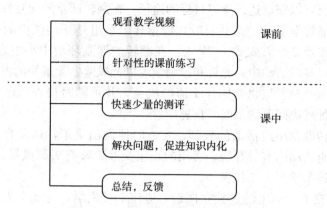

图 7 - 6 翻转课堂课程组织结构图

同时也要考虑学生能够坚持观看视频的时间。教师可以在美国哈佛大学、耶鲁大学公开课，可汗学院课程、中国国家精品课程、大学公开课等优质开放教育资源中，寻找与自己教学内容相符的视频资源作为课程教学内容。

2. 课前针对性练习 对于学生课前的学习，教师应该利用信息技术提供网络交流支持。学生在家可以通过留言板、聊天室等网络交流工具与同学进行互动沟通，了解彼此之间的收获与疑问，同学之间能够进行互动解答，达到课前的预习深度。

（二）课堂活动设计模块

1. 确定问题 教师需要根据课程内容和学生观看教学视频、课前练习中提出的疑问，总结出一些有探究价值的问题。学生根据理解与兴趣选择相应的探究题目。在此过程中，教师应该针对性地指导学生的选择题目。根据所选问题对学生进行分组，其中选择同一个问题者将组成一个小组，小组规模控制在5 人以内。然后，根据问题的难易、类型进行小组内部的协作分工设计。当问题涉及面较广并可以划分成若干子问题时，小组成员可以按照"拼图"学习法进行探究式学习。每个小组成员负责单独的子问题的探索，最后聚合在一起进行协作式整体探究。当问题涉及面较小、不容易进行划分时，每个小组成员可以先对该问题进行独立研究，最后再进行协作探究。

2. 独立探索 在翻转课堂的活动设计中，教师应该注重和培养学生的独立学习能力。教师要从开始时选择性指导逐渐转至为学生的独立探究学习方面，把尊重学生的独立性贯穿于整个课堂设计，让学生在独立学习中构建自己的知识体系。

3. 协作学习 协作学习是个体之间采用对话、商讨、争论等形式充分论证所研究问题，以获取达到学习目标的途径。在翻转课堂的交互性活动中，教师需要随时捕捉学生的动态并及时加以指导。小组是互动课程的基本构建模块，其互动涉及 2 个人或 2～5 个人。在翻转的课堂环境中小组合作的优势：每个人都可以参与活动中；允许和鼓励学生以低风险、无威胁的方式有意义地参与；可以为参与者提供与同伴交流的机会，并可随时检查自己想法的正确性；提供多种解决问题的策略，集思广益。

指导翻转课堂小组活动的教师，要适时地做出决策，选择合适的交互策略，保证小组活动的有效开展。常用的小组交互策略有头脑风暴、小组讨论、浅谈令牌、拼图学习、工作表等。

4. 成果交流　学生经过独立探索、协作学习之后，完成个人或者小组的成果集锦。学生需要在课堂上进行汇报、交流学习体验，分享作品制作的成功和喜悦。成果交流的形式可多种多样，如举行展览会、报告会、辩论会、小型比赛等。在成果交流中，参与的人员除了本班师生以外，还可有家长、其他学校师生等校外来宾。除在课堂直接进行汇报之外，还可翻转汇报过程，学生在课余将自己汇报过程进行录像，上传至网络平台，老师和同学在观看完汇报视频后，在课堂上进行讨论、评价。

5. 反馈评价　翻转课堂中的评价体制与传统课堂的评价完全不同。在这种教学模式中，评价应该由专家、学者、老师、同伴及学习者自己共同完成。翻转课堂不但要注重对学习结果的评价，还通过建立学生的学习档案，注重对学习过程的评价，真正做到定量评价和定性评价、形成性评价和总结性评价、对个人的评价和对小组的评价、自我评价和他人评价之间的良好结合。评价的内容涉及问题的选择、独立学习过程中的表现、在小组学习中的表现、学习计划安排、时间安排、结果表达和成果展示等方面。对结果的评价强调学生的知识和技能的掌握程度，对过程的评价强调学生在实验记录、各种原始数据、活动记录表、调查表、访谈表、学习体会、反思日记等的内容中的表现。

参 考 文 献

胡铁生，2011. "微课"：区域教育信息资源发展的新趋势 [J]. 电化教育研究（10）：61-65.

汤菊香，2004. 创新教学工作概论 [M]. 北京：中国文史出版社.

王北生，2001. 教学艺术 [M]. 郑州：河南大学出版社.

杨怀森，李友勇，1998. 农科教材教法与实践教学 [M]. 北京：气象出版社.

姚连芳，等，2012. 园林专业教学法 [M]. 北京：高等教育出版社.

尹俊华，庄榕霞，戴正南，2002. 教育技术学导论 [M]. 北京：高等教育出版社.

曾贞，2012. 反转教学的特征、实践及问题 [J]. 中国电化教育（7）：114-117.

张金磊，王颖，张宝辉，2012. 翻转课堂教学模式研究 [J]. 远程教育杂志，30（4）：46-51.

图书在版编目（CIP）数据

园艺专业教学法：园艺专业职教师资培养资源开发项目 / 苗卫东主编 . —北京：中国农业出版社，2019.1

ISBN 978-7-109-25063-5

Ⅰ.①园… Ⅱ.①苗… Ⅲ.①园艺－教学法－中等专业学校－师资培训－教材 Ⅳ.①S6-42

中国版本图书馆 CIP 数据核字（2018）第 285119 号

中国农业出版社出版

（北京市朝阳区麦子店街 18 号楼）

（邮政编码 100125）

责任编辑 王玉英

北京中兴印刷有限公司印刷 新华书店北京发行所发行

2019 年 1 月第 1 版 2019 年 1 月北京第 1 次印刷

开本：720mm×960mm 1/16 印张：9.5

字数：160 千字

定价：50.00 元

（凡本版图书出现印刷、装订错误，请向出版社发行部调换）